T/CAGHP 066—2019

目　次

前言	Ⅲ
引言	Ⅳ
1　范围	1
2　规范性引用文件	1
3　术语和符号	2
3.1　术语和定义	2
3.2　符号	4
4　基本规定	7
4.1　危岩落石柔性防护网工程应遵循的基本原则	7
4.2　危岩落石柔性防护网工程实施程序	7
4.3　危岩落石工程地质勘查要求	7
4.4　危岩落石危险性、危害性与防护工程安全分级	8
4.5　防护工程设计要求	9
4.6　防护工程施工与验收要求	9
4.7　防护工程后期维护	9
5　危岩落石勘查与评价	9
5.1　地质勘查	9
5.2　地质测绘	10
5.3　地质勘探	10
5.4　试验	10
5.5　危岩稳定性和危岩落石运动分析	10
5.6　危岩落石防护措施地质建议	11
5.7　勘查工作方案和勘查报告编制	11
6　柔性防护网工程设计	11
6.1　一般规定	11
6.2　主动防护网	12
6.3　被动防护网	13
6.4　引导防护网	15
6.5　锚杆与基础	16
6.6　辅助措施	20
6.7　环境保护	20
7　施工与监理	21
7.1　一般规定	21
7.2　施工准备与施工放线	21

7.3 锚杆与混凝土基础施工 ········· 22
7.4 柔性防护网的安装 ········· 22
7.5 施工安全 ········· 24
7.6 环境保护 ········· 24
7.7 施工监理 ········· 24
8 质量检验与工程验收 ········· 24
8.1 防护网质量检验与验收 ········· 24
8.2 防护工程验收 ········· 26
9 工程监测与维护 ········· 29
9.1 一般规定 ········· 29
9.2 防护效果检查与监测 ········· 30
9.3 险情预警与应急处置 ········· 30
9.4 防护工程维护 ········· 30
9.5 数据库 ········· 31
附录A（资料性附录） 危岩体稳定性分析方法与评价 ········· 32
附录B（资料性附录） 危岩落石计算分析方法 ········· 37
附录C（资料性附录） 勘查工作方案编制提纲 ········· 40
附录D（资料性附录） 勘查报告编制提纲 ········· 42
附录E（资料性附录） 柔性防护网各类型号适用性选型表 ········· 44
附录F（资料性附录） 柔性防护网常用原材料与构件 ········· 45
附录G（资料性附录） 柔性网环链破断拉力试验方法 ········· 49
附录H（资料性附录） 柔性防护系统消能装置性能试验方法 ········· 50
附录I（资料性附录） 常用主动防护网的结构构成与适用条件 ········· 54
附录J（资料性附录） 主动防护网和引导防护网承载力计算方法 ········· 55
附录K（资料性附录） 危岩落石冲击动能和被动防护网最小防护高度估算方法 ········· 56
附录L（资料性附录） 未定型的被动防护网系统设计的有限元计算方法 ········· 57
附录M（资料性附录） 金属柔性网抗顶破力试验 ········· 60
附录N（资料性附录） 竣工报告编制提纲 ········· 63

前　言

本规范按照 GB/T 1.1—2009《标准化工作导则　第 1 部分：标准的结构和编写》给出的规则起草。

本规范附录 A～N 为资料性附录。

本规范由中国地质灾害防治工程行业协会提出并归口。

本规范起草单位：绍兴文理学院、四川省地矿局成都水文地质工程地质中心、中国科学院地理科学与资源研究所、北京交通大学、贵州省地矿局第二工程勘察院、北京市地质研究所、四川奥思特边坡防护工程有限公司、布鲁克（成都）边坡防护工程有限公司、广西壮族自治区桂林水文工程地质勘察院、浙江岩创科技有限公司、青岛理工大学。

本规范主要起草人：伍法权、李铁锋、赵松江、封志军、吕汉川、洪习成、原振华、兰恒星、吴旭、田维强、张长敏、黄海、薛元、李军辉、何旭东、沙鹏、常金源、伍劼、贺可强、刘亚辉、彭李、韩祥森、师乐乐。

本规范由中国地质灾害防治工程行业协会负责解释。

引 言

为推动地质灾害防治工程行业健康发展,国土资源部发布了《国土资源部关于编制和修订地质灾害防治行业标准工作的公告》(国土资源部公告2013年第12号),确定将《危岩落石柔性防护网工程技术规范》纳入地质灾害防治行业标准,特制定本规范。

在规范编制过程中,参考了自然资源部地质灾害防治相关规范及欧洲、日本等国家和地区的技术规范和导则,吸取了国内危岩落石柔性防护工程的经验,并征求了行业相关专家的意见。

本规范共有9章和14个附录,内容包括范围、规范性引用文件、术语和符号、基本规定、危岩落石勘查与评价、柔性防护网工程设计、施工与监理、质量检验与工程验收、工程监测与维护。

危岩落石柔性防护网工程技术规范(试行)

1 范围

本规范规定了危岩落石柔性防护网工程的术语和定义、基本规定、危岩落石勘查与评价、柔性防护网工程设计、施工与监理、质量检验与工程验收、工程监测与维护等的要求。

本规范适用于地质灾害治理危岩落石柔性防护网工程，交通、水利水电、矿山、工业与民用建筑以及其他相关工程中的危岩落石柔性防护网工程可参照本规范执行。危岩落石柔性防护网工程除应按照本规范的规定进行工程地质勘查、危岩落石危险性评价以及防护工程设计、施工与后期维护外，还应符合国家现行有关技术标准的规定。

2 规范性引用文件

下列文件对于本规范的应用是必不可少的。凡是注日期的引用文件，仅所注日期的版本适用于本规范。凡是不注日期的引用文件，其最新版本(包括所有的修改单)适用于本规范。

GB 50017　钢结构设计规范
GB 50021　岩土工程勘察规范
GB 50086　岩土锚杆与喷射混凝土支护工程技术规范
GB/T 700　碳素结构钢
GB/T 1499.2　钢筋混凝土用钢　第2部分：热轧带肋钢筋
GB/T 5974.1　钢丝绳用普通套环
GB/T 5974.2　钢丝绳用重型套环
GB/T 6946　钢丝绳铝合金压制接头
GB/T 10125　人造气氛腐蚀试验　盐雾试验
GB/T 19292.1　金属和合金的腐蚀　大气腐蚀性　第1部分：分类、测定和评估
GB/T 11263　热轧H型钢和剖分T型钢
GB/T 13912　金属覆盖层　钢铁制件热浸镀锌层　技术要求及试验方法
GB/T 19292.2　金属和合金的腐蚀　大气腐蚀性　第2部分：腐蚀等级的指导值
GB/T 20065　预应力混凝土用螺纹钢筋
GB/T 20118　钢丝绳通用技术条件
GB/T 20492　锌-5%铝-混合稀土合金镀层钢丝、钢绞线
T/CAGHP 001　地质灾害分类分级标准
TB/T 3449　铁路边坡柔性被动防护产品危岩落石冲击试验方法与评价
TB/T 3089　铁路沿线斜坡柔性安全防护网
YB/T 4364　锚杆用热轧带肋钢筋
YB/T 5294　一般用途低碳钢丝

YB/T 5343　制绳用钢丝

YB/T 5357　钢丝镀层　锌或锌-5%铝合金

3　术语和符号

3.1　术语和定义

下列术语和定义适用于本规范。

3.1.1
危岩 unstable rock mass

受多组结构面控制，已出现可能发生坠落、滑移、倾倒等变形破坏的岩体。

3.1.2
落石 rockfall

在自身重力和外力的作用下丧失稳定性，脱离母岩，向下坠落的石块。

3.1.3
危岩落石灾害调查 investigation of rockfall hazard

为确定危岩落石发生源的规模和稳定性、危岩落石运动路径、危岩落石弹跳高度、危岩落石运动能量、危岩落石危险性和危害性等级等所进行的综合性地质调查。

3.1.4
危岩落石发生源 rockfall source

产生危岩落石的危岩区域、危岩。

3.1.5
停积区 stop area

众多危岩落石停止运动后分布的区域。

3.1.6
危岩块度 size of unstable rock block

被多组结构面分割的危岩三维尺寸中的最大尺寸。

3.1.7
危险性等级 risk grade

发生危岩落石可能性等级。

3.1.8
危害性等级 hazard grade

发生危岩落石后可能造成的破坏程度。

3.1.9
危岩落石运动 movement of rockfall

危岩落石在坡面上滑动、滚动、弹跳的运动过程。

3.1.10
危岩落石路径 trajectory of rockfall

危岩块体失稳脱离母岩在斜坡坡面上运动、停止留下的轨迹。

3.1.11
柔性防护网 flexible wire protective net

以金属柔性网为主要构件，以覆盖、拦截、引导等基本作用形式来防护危岩落石灾害的防护结构系统,简称防护网。

3.1.12

主动防护网 active protective nets

采用系统化排列布置的锚杆和支撑绳固定方式,将金属柔性网覆盖在具有潜在危岩落石斜坡上,实现危岩加固或将危岩落石约束在其原位附近的一种防护网,简称主动网。

3.1.13

被动防护网 passive protective net

采用锚杆、钢柱、支撑绳和拉锚绳等固定方式,将金属柔性网以一定的角度安装在坡面上,形成栅栏形式的拦石网,实现对危岩落石拦截的一种防护网,简称被动网。

3.1.14

引导防护网 pocket-type protective net

采用锚杆、钢柱、支撑绳等构件将金属柔性网覆盖或支撑在坡面上,以引导或控制危岩落石运动轨迹和停积范围的柔性防护系统,分为覆盖式引导防护网和张口式引导防护网。

3.1.15

梅花形锚固网 oblique-cross anchor net

采用梅花形布置钢筋锚杆、锚垫板和连接相邻网片的缝合绳(丝)或连接件,将柔性网片连续覆盖在坡面上所形成的主动防护网。

3.1.16

矩阵式锚固网 cross anchor net

采用纵横排列的柔性锚杆、支撑绳和连接柔性网与支撑绳的缝合绳,将柔性网片覆盖在坡面上所构成的主动防护网。

3.1.17

环形网 ring net

用钢丝盘结成环相互套接而形成的网。

3.1.18

钢丝绳网 wire rope net

用钢丝绳编制并在交叉结点处用专用卡扣固定的柔性网。

3.1.19

消能装置 bumper device

柔性防护系统中用于吸收能量的装置。

3.1.20

钢柱 post,steel column

对防护系统起直立支撑作用的构件。

3.1.21

基座 base plate

钢柱的定位座。

3.1.22

支撑绳 support rope

用以实现金属柔性网按设计形式铺挂、对金属柔性网起支撑加固作用的钢丝绳。

3.1.23
拉锚绳 anchor rope

连接钢柱顶部与锚杆间的钢丝绳，根据其位置和作用的不同分为上拉锚绳、下拉锚绳、侧拉锚绳和中间加固拉锚绳。

3.1.24
缝合绳 sewing rope

用于金属柔性网之间或其与支撑绳之间联结的钢丝绳。

3.1.25
连接锁扣 connection clips

用以实现高强度钢丝网的网片间或网片与支撑绳间点式连接的回形扣件。

3.1.26
节点卡扣 cross clip

用以实现钢丝绳网中两根钢丝绳交叉节点处紧固的扣件。

3.1.27
防护能级 maximum Energy Level

表征被动网最大防护能力的标称值，其大小等于标准试验条件下被动网成功拦截的试验块体最大冲击动能。

3.1.28
被动网防护高度 rockfall barrier height

被动网上、下支撑绳安装位置决定的最大安装高度，其大小等于钢柱处顺钢柱测得的上、下支撑绳间的距离。

3.1.29
残余拦截高度 residual interception height

被动网定型冲击试验中，受冲击动能大小等于其防护能级的试块冲击之后未移除试块前，上、下支撑绳连线在系统下侧坡面法线方向的投影长度。

3.1.30
缓冲距离 buffer distance

被动网定型冲击试验中，试块冲击柔性网后，沿系统下侧坡面方向的最大位移。

3.1.31
易维护性 service ability

易于进行局部构件更换，保证系统恢复到不低于设计要求性能。

3.2 符号

3.2.1 作用和作用效应

m——危岩落石质量；

P——荷载标准值；

R——承载力设计值；

E_d——危岩落石冲击动能设计值；

E_k——危岩落石冲击动能标准值；

E_B——实际采用的被动防护网的防护能级标称值；

E_{gp}——相对于布网位置的危岩落石初始重力势能；

$T_{n,max}$——拦截结构中受力单元最大计算内力最小值；

$[T_n]$——拦截结构受力单元的试验破断拉力最小值；

N——钢柱轴向压力；

M_y——同一截面处绕 y 轴的弯矩（一般规定 y 轴为弱轴）；

$T_{r,max}$——钢丝绳最大拉力；

$[T_r]$——钢丝绳破断拉力；

F_0——消能装置工作荷载；

F_{st}——消能装置静态启动力；

F_{dt}——消能装置动态启动力；

R_t——锚杆杆体轴向抗拉承载力设计值；

N_d——锚杆轴向拉力设计值；

R_m——柔性锚杆的锚头钢丝绳最小破断拉力；

Q_d——锚杆抗剪力设计值；

G——混凝土基础自重，危岩落石质量；

P_b——基础底面受到的法向力设计值；

Q_b——基础顶面受到的水平作用力设计值；

E_p——基础前土压力；

V——裂隙水压力；

W——危岩自重；

Q——地震力；

P_{BR}——试样破坏时所施加的最大荷载；

v——危岩落石速度；

ω——岩石冲击前转动的角速度；

g——重力加速度；

I——岩石滚动时的惯性力矩。

3.2.2 抗力和材料性能

f——钢材的抗弯强度设计值；

f_y——钢筋锚杆或中空注浆锚杆杆体材料抗拉强度设计值；

f_s——钢筋锚杆或中空注浆锚杆杆体材料抗剪强度设计值；

f_{mg}——注浆体与地层间极限黏结强度标准值；

f_{mb}——注浆体与锚杆杆体间黏结强度设计值；

f_{lk}——危岩抗拉强度标准值；

c——岩土体的内聚力标准值；

γ——基础前土体的容重；

δ——岩石的密度。

3.2.3 几何参数

W_{ny}——对 y 轴的净截面模量；

W_{1y}——在弯矩作用平面内较大受压纤维的毛截面模量；

A——立柱的毛截面面积，钢筋锚杆或中空注浆锚杆杆体横截面积；

V——岩石的体积；

h_d——危岩落石弹跳高度设计值；

h_k——危岩落石弹跳高度标准值；

h_B——实际采用的被动防护网的防护高度标准值；

h_{dB}——所需被动防护网最小防护高度设计值；

h_R——模拟危岩落石块体的等效球体半径；

d_S——被动防护网与其所保护区域或建筑物间的顺坡面安全距离；

d_B——防护网在遭受动能等于其防护能级的危岩落石冲击时所发生的最大缓冲距离标准值；

λ_y——构件截面对y轴的长细比；

Δ_d——单个消能装置最大变形量；

D——锚杆钻孔直径，垂直试样测量的相对于参考平面的中心变形；

L——锚杆锚固段长度；

B——基础底面宽度；

B_0——考虑基础周边土体抗力的基础计算宽度；

d——锚杆杆体直径；

h_w——裂隙充水高度；

h——后缘裂隙深度，结构缓冲土层厚度；

a——危岩重心到倾覆点之间的距离；

b——后缘裂隙未贯通段下端到倾覆点之间的水平距离；

h_0——危岩重心到倾覆点的垂直距离；

a_0——危岩重心到潜在破坏面的水平距离；

b_0——危岩重心到过潜在破坏面形心的铅垂距离；

d_{BR}——试样破坏时所对应的变形；

H——石块坠落高度，边坡高度，危岩后缘裂缝上端到未贯通段下端的垂直距离，基础前缘埋深；

H_0——危岩后缘潜在破坏面高度；

δ——基础底面与地基土间的摩擦角；

β——基础前斜坡平均坡角，危岩后缘裂隙倾角，冲击力入射角；

φ——基础前土体的内摩擦角，后缘裂隙内摩擦角标准值，危岩内摩擦角标准值；

α——山坡坡度，滑面倾角，危岩与基座接触面倾角。

3.2.4 计算系数

k——荷载分项系数，危岩落石冲击动能折减系数；

γ_a——危岩落石运动参数分项系数；

γ_E——被动防护网防护能级的防护工程安全等级分项系数；

γ_r——被动防护网防护能级分项系数；

γ_{hB}——被动防护网防护高度分项系数；

γ_h——被动防护网防护高度的防护工程安全等级分项系数；

γ_d——被动防护网缓冲距离分项系数；

α_m——构件承载力储备系数;

φ_y——弯矩作用平面内的轴心受压构件稳定系数;

η——耗能比例系数;

β_b——考虑消能装置未完全工作的调整系数;

γ_0——锚杆承载力储备系数;

γ_m——柔性锚杆的锚头,连接环套抗拉承载力分项系数;

γ_w——水的重度;

γ_b——注浆体与地层间黏结强度分项系数;

ψ——锚固段长度对注浆体与地层间极限黏结强度的影响系数;

l——滑块滑面长度;

ζ_e——地震系数;

F——危岩稳定性系数;

ζ——危岩抗弯力矩计算系数;

K——石块沿山坡运动所受一切有关因素综合影响的阻力特性系数;

λ——石块冲击到缓坡上的瞬间摩擦系数;

ε_1——陡坡段的计算速度系数;

ε_2——较缓坡段的计算速度系数。

4 基本规定

4.1 危岩落石柔性防护网工程应遵循的基本原则

4.1.1 严格按照本规范规定的危岩落石柔性防护网工程实施程序进行勘查、设计、施工、监理、质量检验和工程验收,以及后期维护工作。

4.1.2 按照保障安全、技术可靠、经济合理的要求,合理选择和优化配置柔性防护网的类型和产品。

4.1.3 柔性防护网工程应与环境相协调,保护和改善环境。

4.1.4 为保证工程施工和运营期安全,应建立健全科学可靠的险情监管、险情预警和应急处置机制。

4.2 危岩落石柔性防护网工程实施程序

4.2.1 通过危岩落石的工程地质勘查和评价,确定危岩崩落分布、危险性等级、危岩落石危害性等级、防护工程安全等级,并提出选用防护网类型的建议。

4.2.2 根据防护工程安全等级、防护工程场地条件和危岩落石冲击动能及运动轨迹等综合确定防护工程方案,进行防护工程设计。

4.2.3 根据防护工程设计组织工程施工、监理和安全监测,并进行工程质量验收。

4.2.4 进行工程运营监测与维护。

4.3 危岩落石工程地质勘查要求

4.3.1 充分收集危岩落石区以往的地质调查资料、既有防护工程资料以及环境影响资料。

4.3.2 调查危岩落石历史与空间分布范围;调查控制危岩的地质条件和可能的破坏模式;提出防护方案建议。

4.3.3 勘查报告内容包括危岩落石空间分布、地质特征、危害性和危险性分析、危岩稳定性评价和危岩落石运动分析，既有防护工程效果分析、拟设工程防护方案建议，以及相关附图、附件。

4.3.4 拟采取主动防护网或引导防护网的工程部位，应查明危岩发育区强、弱卸荷带发育深度、风化带深度，并提出锚固构件长度及锚固力学参数的建议。拟采取被动防护网或引导防护网的工程部位，应提出危岩落石块度、冲击动能、弹跳高度、地基承载力等参数的建议。

4.4 危岩落石危险性、危害性与防护工程安全分级

4.4.1 危岩落石危险性可根据危岩稳定性状态、地形和危岩落石运动条件划分为大、中、小3个等级，按表1确定。

表1 危岩落石危险性等级划分

地形和危岩落石运动条件	稳定状态		
	不稳定	基本稳定	稳定
地形高陡,利于运动	大	大	中
地形较利于运动	大	中	小
地形平缓	中	小	小

4.4.2 危岩落石危害性可根据危岩落石可能造成的人员伤亡和财产损毁数量划分为严重、较严重和一般3个等级，按表2确定。

表2 危岩落石危害性等级划分

分级指标	危害性等级		
	严重	较严重	一般
伤亡人数 n/人	$n \geq 10$	$3 \leq n < 10$	$n < 3$
直接经济损失 s/万元	$s \geq 500$	$100 \leq s < 500$	$s < 100$
潜在威胁人数 $n_{潜}$/人	$n_{潜} \geq 100$	$10 \leq n_{潜} < 100$	$n < 10$
潜在直接经济损失 $s_{潜}$/万元	$s_{潜} \geq 1\,000$	$500 \leq s_{潜} < 1\,000$	$s < 500$
注：死亡人数和直接经济损失指标二者按就高原则确定危岩落石危害性等级。			

4.4.3 危岩落石防护工程的安全等级可根据危岩危险性等级和危岩落石危害性等级划分，按表3确定。

表3 危岩落石防护工程安全等级

危岩危险性等级	危岩落石危害性等级		
	大	中	小
严重	Ⅰ	Ⅰ	Ⅱ
较严重	Ⅰ	Ⅱ	Ⅱ
一般	Ⅱ	Ⅲ	Ⅲ

4.5 防护工程设计要求

4.5.1 危岩落石柔性防护网工程应依据勘查报告提供的环境和地质资料、防护措施地质建议，以及防护工程安全等级、技术经济条件等，按本规范进行设计。

4.5.2 防护工程选用的材料及定型构件产品应满足防护网系统性能要求，并满足防护工程设计使用年限的耐久性要求。

4.6 防护工程施工与验收要求

4.6.1 防护工程应进行施工组织设计，并严格执行。施工组织设计应包括工程事故应急预案。

4.6.2 工程验收应对施工材料、施工质量和工程运营维护方案等进行全面验收。

4.7 防护工程后期维护

4.7.1 危岩落石柔性防护网工程应持续进行后期维护，以保证防护效果正常发挥。工程后期维护内容包括：防护效果检查与监测、危岩落石柔性防护网工程数据库、险情预警与应急工程、防护网内堆积物清理及防护工程维修等。

4.7.2 安全等级为Ⅰ级的防护工程应进行长期实时监测。

5 危岩落石勘查与评价

5.1 地质勘查

5.1.1 勘查工作应进行初步地质调查，调查并评估危岩所在地带岩层（体）的整体稳定状态，查明工作区危岩落石分布范围、危害特征，明确需进一步开展地质测绘的范围和勘查部位。

5.1.2 危岩勘查应查明并划分危岩区（带）和危岩的分布范围，查明岩体节理裂隙及裂缝发育情况、结构面组合特征、主控结构面发育情况，勘查区及附近水文地质条件，分析危岩形成机理与破坏模式，评价危岩稳定性。

5.1.3 危岩落石勘查应重点查明历史上危岩落石产生部位（危岩落石源）、滚动路径（特别是半坡平台、密林、山平塘、沟槽、突出山脊等对运动路径的影响）、最终停积部位和倒石堆，查明停积危岩落石的块度、形态、滚动过程中的解体情况，对障碍物、建筑物、拦石工程的冲击破坏情况。

5.1.4 根据危岩分布、稳定性分析、危岩落石勘查成果，划定危岩落石危险区，评定危险性级别；调查历次危岩落石造成的人员伤亡、财产损失情况，调查危险区内居住和活动人口，民房建筑和工程设施等财产总值，评定危岩落石危害性级别。

5.1.5 出现变形破坏的治理工程调查内容应包括：危岩落石治理工程的变形破坏情况、工程竣工时间、设计和施工单位及工程措施、工程结构物现状特性、防灾减灾效果，以及变形破坏原因等。

5.1.6 施工条件勘查应主要查明危岩区可利用的道路系统，结合拟采取的防护工程方案，查明拟建施工便道、施工索道选线和搭设位置，脚手架和安全防护排架搭设位置，材料堆场选址、道路交通管制路段和管制方案并分析其实施可行性，施工用水用电来源，施工临时占地和工程永久占地范围等。

5.1.7 勘查方法：收集区内已有地形地质、降雨、洪水冲刷、地震、工程活动等与危岩落石发生相关的资料；开展大比例尺工程地质测绘，实地调查危岩和危岩落石，进行拍照、素描和记录；访问当地居民了解历史上危岩落石情况；采用无人机近距离航拍危岩，收集或航拍危岩区多时段高清晰遥感影像并进行遥感解译分析，或者采用三维激光扫描仪进行测绘。

5.2 地质测绘

5.2.1 地质测绘应提供能够满足防护工程设计需要的各种地形地质图件,主要包括危岩落石区工程地质平面图、剖面图、立面图,成果图件应按照工程地质制图要求编绘。

5.2.2 平面图:危岩区地形地质图测绘范围应包括可能分布和发育危岩的全部斜坡区,危岩落石滚落停积区,可能威胁的建筑区域;危岩区全区域测绘比例尺宜采用1:500~1:2 000,拟采取防护工程区比例尺宜采用1:100~1:500;测绘方法宜采用全站仪、三维激光扫描及航拍测绘。

5.2.3 剖面图:剖面布置应能控制不同危岩区、危岩带、危岩,剖面方向应沿危岩落石主要运动方向,危岩区、危岩带剖面长度应包括上至危岩带,下至危岩落石可能威胁的居民或建筑区,测绘比例尺宜采用1:500~1:2 000;重点危岩测绘比例尺宜采用1:50~1:100。

5.2.4 立面图:针对危岩区、危岩带、危岩应统一编号并进行立面图测绘,危岩区和危岩带测绘比例尺宜采用1:500~1:2 000,重点危岩测绘比例尺宜采用1:50~1:100;测绘方法宜采用三维激光扫描,结合人工测绘;测绘重点是危岩区、危岩带、危岩分布的位置、高程、范围尺寸,控制危岩地质结构面的产状、性质等。

5.3 地质勘探

5.3.1 危岩勘查应查明切割岩体构成危岩边界的各类地质结构面及其特征,应包括岩层层面,特别是软弱层面、构造裂隙面、卸荷裂隙面、溶蚀面、采空洞穴、凹岩腔等的产状、发育密度、位置、数量等,分析危岩区、危岩带内因卸荷、风化、震动作用造成的岩体松动、松弛的发育深度,即危岩发育的深度范围;还应注意结构面类型、延伸长度及倾角、力学性质、充填情况及充填物类型等的观测记录。

5.3.2 危岩浅部的地质结构面宜采用槽探法,危岩较深部的地质结构面发育情况宜采用钻探或物探等方法判断。

5.3.3 勘查成果应包括槽探地质展示图,采用钻探的应包括钻孔综合柱状图、工程地质剖面图及岩芯地质编录,采用物探工作的应包括物探剖面成果。

5.4 试验

5.4.1 岩体物理力学试验应采取控制危岩边界的主结构面岩石试样进行岩石的抗压、抗拉和抗剪强度(饱和、天然)等室内物理力学试验,确定其物理力学参数,为评价危岩稳定性和锚固工程设计提供地质参数。试验岩石样应选取结构面或两侧的岩石样,可在探槽中刻取或钻孔采取岩芯样。岩体力学试验应提供岩石试样力学检测报告。

5.4.2 可能受水体影响的危岩应进行水质简分析,并分析水体对钢筋、混凝土等的腐蚀性。

5.4.3 重要保护区,必要且有场地条件时宜进行现场危岩落石滚落试验,以辅助分析危岩落石运动轨迹及沿程破坏特征(包括危岩落石自身解体破坏和对其他物体的破坏),试验现场应做好安全措施。试验成果应为危岩落石滚落试验记录和影像。

5.5 危岩稳定性和危岩落石运动分析

5.5.1 根据危岩块体形态、结构面边界条件,判断危岩可能的失稳破坏模式(滑移、倾倒、坠落),采用赤平投影、块体理论等,考虑降雨工况、地震工况,分析计算危岩的稳定性。危岩稳定性分析方法见附录A。

5.5.2 根据历史危岩落石或危岩落石试验运动特点、可能方量、块径与形态、主要运动方向等，计算或模拟危岩落石运动轨迹、冲击动能和弹跳高度等，为被动防护网或引导防护网设计提供地质依据。危岩落石计算分析方法见附录B。

5.6 危岩落石防护措施地质建议

5.6.1 危岩主动网防护：对查明的危岩带、危岩提出主动网设防范围，对其中块体较大的危岩单体，提出锚杆加固深度和锚固设计参数的建议。

5.6.2 危岩落石被动网防护：对可能遭受危岩落石危害的区域，在地形条件适合时，提出被动网设防范围和位置，被动网设置基础形式（锚杆基础和墩式基础）、基础埋深和地基岩土参数建议。

5.6.3 危岩落石引导网防护：对陡崖危岩落石较频繁且以坠落为主时，可以采用引导防护网引导危岩落石受控运动不对受威胁对象造成损害，提出引导防护网防护范围、固定位置及锚固岩土参数等建议。

5.7 勘查工作方案和勘查报告编制

5.7.1 勘查工作方案编制：勘查前应对危岩落石区进行现场踏勘，确定勘查范围，初步划分危岩区和危岩带，了解受危岩落石威胁的区域及对象，选择勘查技术方法，预算勘查工作费用。勘查工作方案编制提纲见附录C。

5.7.2 勘查报告编制：根据勘查取得的各项资料，编制勘查报告；勘查报告的主要内容包括勘查工作简况，危岩落石区范围，危岩地质特征，危岩落石运动特征，危岩稳定性和危岩落石运动预测分析，既有工程治理效果，拟建工程区工程地质条件及岩土物理力学参数建议，施工条件说明。勘查报告编制提纲见附录D。

6 柔性防护网工程设计

6.1 一般规定

6.1.1 本规范规定的设计方法适用于整体稳定的危岩带或对单体危岩采用主动加固的危岩破碎带，对其危岩落石采用柔性防护网进行设计。

6.1.2 本规范规定的设计方法适用于以下三类柔性防护网工程设计：
   a) 主动防护网。
   b) 被动防护网。
   c) 引导防护网。

6.1.3 柔性防护网工程设计，应按本规范进行相关设计，并按附录E进行选型。

6.1.4 条件复杂的斜坡，应分区、分高程段、有针对性地采用相应的柔性防护网，或与其他防护措施配合，以实现防护工程的优化配置。

6.1.5 对于非临时性柔性防护网工程，防护网所用材料或构件的防腐蚀设计应满足《金属和合金的腐蚀 大气腐蚀性分类》（GB/T 19292.1）C2类大气环境中无外力损伤和正常维护条件下至少25年的预期使用年限。常用防腐蚀金属镀层的预期使用年限可按附录F.4.2给出的方法进行估算。

6.1.6 柔性防护网工程设计文件一般应包括以下方面的内容：
   a) 坡面布置范围或位置。
   b) 结构构成与几何尺寸。

c) 系统结构计算与设计。
d) 材料或构件技术要求及其检验方法。
e) 基础设计。
f) 环境保护。
g) 施工安装方法及特别要求。

6.1.7 设计采用的材料或构件应满足柔性防护网承载力和防护工程设计使用年限的防腐蚀要求（参见附录F）。对于尚无现行标准规定试验方法的，设计还宜推荐专用试验方法，如柔性网环链破断拉力试验（参见附录G）和消能装置静力拉伸试验，必要时还可进行动力冲击试验（参见附录H）。

6.1.8 对于尺寸较小的危岩落石，当主网采用网孔尺寸较大的绞索网、钢丝绳网或环形网时，应增加网孔尺寸较小的格栅网，设计计算时可以不考虑其承载作用，或在必要时采用承载能力较高的高强度钢丝网来替代格栅网。

6.2 主动防护网

6.2.1 本规范的主动防护网设计方法适用于梅花形锚固网[图1(a)]和矩阵式锚固网[图1(b)]两种情形。

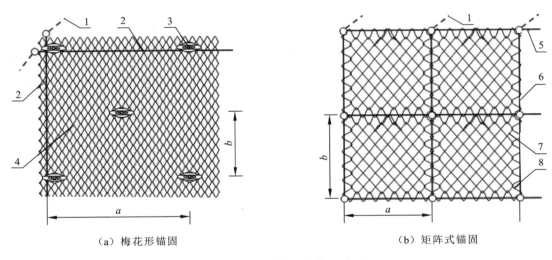

（a）梅花形锚固　　　　　　　　　　（b）矩阵式锚固

图 1　主动防护网安装示意图

1. 柔性锚杆；2. 边界支撑绳；3. 钢筋锚杆及其锚垫板；4. 网孔呈长菱形的高强度钢丝网或绞索网；
5. 横向支撑绳；6. 纵向支撑绳；7. 网孔近为正方形的绞索网或钢丝绳网；8. 缝合绳
a. 锚杆横向间距；b. 锚杆纵向间距

6.2.2 根据勘查报告提供的危岩或潜在危岩落石分布区域，主动防护网布置范围应分别向上缘和两侧缘外延伸不小于2 m，距坡脚1 m高范围内不宜布置主动防护网。

6.2.3 坡面条件较简单且坡角不超过75°的常见斜坡，宜根据已有工程设计经验采用工程类比法进行主动防护网工程设计，或按附录I设计选用合适的主动防护网型号，并在需要时采用专门的锚杆设计。

6.2.4 对6.2.3条适用条件以外的其他斜坡，可调整参照附录I经验数据进行设计，并根据危岩崩落时或崩落后的堆积体与防护网间的相互作用方式，或参照附录J给出的简化方法，计算确定防护网各构件所受荷载。除锚杆的设计应按6.5条规定进行外，其他构件的承载力应符合下式要求：

$$kP \leqslant R \quad\quad\quad\quad\quad\quad\quad (1)$$

式中：
P——荷载标准值(kN)；
R——承载力设计值(kN)，对于常用的柔性网可采用附录F中承载力标准值作为设计值,对于钢丝和钢丝绳可采用公称抗拉强度和最小破断拉力作为承载力设计值；
k——荷载分项系数,可依据防护工程安全等级,并考虑荷载模型和岩土特性参数的可靠性等确定,对于安全等级为Ⅰ、Ⅱ、Ⅲ级的防护工程,k值分别不应小于2.0、1.5、1.0。

如缺乏更为完善的计算模型或方法,可参照附录J的建议方法进行。

6.3 被动防护网

6.3.1 本规范规定的被动防护网,包括拉锚式和自立式两种(图2)。拉锚式是指钢柱柱脚铰接并采用上拉锚绳稳定的被动防护网；自立式是指钢柱柱脚刚性连接的被动防护网。

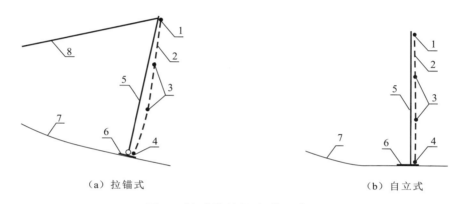

（a）拉锚式　　　　　　　　　　　　（b）自立式

图2　被动防护网安装示意图

1.上支撑绳；2.柔性网；3.可能存在的中部横向约束绳；4.下支撑绳；5.钢柱；
6.基座；7.地面；8.上拉锚绳

6.3.2 宜根据勘查报告提供的潜在危岩落石块度和坡面条件,基于附录B的计算方法并根据勘查精度适当考虑相关条件参数的不确定性来计算或模拟确定危岩落石运动参数。

6.3.3 被动防护网应布置在危岩落石冲击动能和弹跳高度均较小、易于施工安装和维护,且树木砍伐量较小的高程附近,并应综合考虑防护工程安全等级等影响因素,根据危岩落石轨迹和运动参数的计算结果设计被动防护网的防护能级和高度及其布置位置、范围和数量。

6.3.4 被动防护网安装位置处,危岩落石冲击平动速度标准值应符合下式要求：

$$v_k \leqslant v_r \quad\quad\quad\quad\quad\quad\quad\quad\quad (2)$$

式中：
v_k——危岩落石冲击平动速度标准值,宜采用数值分析第97百分位计算值,否则应取最大计算值(m/s)；
v_r——被动防护网所用柔性网的容许危岩落石最大冲击平动速度,宜按被动防护网定型试验时的最大冲击速度提高5 m/s确定,当缺乏试验数据时,则环形网取35 m/s,其他网型取30 m/s。

6.3.5 采用三维危岩落石数值分析方法时,宜以勘查报告确定的块体尺度分布为依据,以数值分析危岩落石块体数量的第2百分位和第98百分位危岩落石轨迹作为危岩落石威胁区域的两侧边界,即有96%的危岩落石运动轨迹处于该危岩落石威胁区域内。

6.3.6 对于安全等级为Ⅱ级及以上的被动防护系统,应根据勘查报告建议的危岩落石威胁区域,或者根据危岩分布、坡面形态特征、危岩落石滚落路径区的介质等勘查资料,采用三维危岩落石数值分析方法确定危岩落石威胁区域,对于Ⅲ级被动防护网系统可按经验确定危岩落石威胁区域。在此基础上按以下原则布置被动防护网:

a) 除主要用于将危岩落石导入邻近的沟谷或者是需要跨越局部陡坎或沟槽外,单道被动防护网宜沿同一高程附近直线延伸布置。

b) 除危岩落石威胁区域两侧边界为陡壁或沟谷外,被动防护网的走向两端应向所在高程危岩落石威胁区域两侧边界外延伸至少 5 m,安全等级为Ⅰ级且预期危岩落石频率很高(年度危岩落石次数 $n>5$)的防护工程,则宜延伸至少 10 m。

c) 当受地形条件限制而使单道被动防护网局部走向变化过大(包括水平面和铅直面内的变化),或需要留设维护通道、当地居民行人通道或便于动物迁徙的通道时,宜沿同一高程附近分段设置相互交错的两道或两道以上的被动防护网,其中相邻两道被动防护网间的重叠长度不应小于 5 m,当相邻两道被动防护网的重叠段顺坡向间距较大时,尚应根据危岩落石可能的运动方向增大重叠长度。

6.3.7 危岩落石冲击动能和弹跳高度设计值按下式确定:

$$\begin{cases} E_d = \gamma_a E_k \\ h_d = \gamma_a h_k \end{cases} \quad \cdots\cdots\cdots\cdots (3)$$

式中:

E_d——危岩落石冲击动能设计值(kJ);

E_k——危岩落石冲击动能标准值(kJ),采用随机模拟时宜取第 97 百分位值,否则应取最大计算值;

h_d——危岩落石弹跳高度设计值(m);

h_k——危岩落石弹跳高度标准值(m),采用随机模拟时宜取第 95 百分位计值,否则应取最大计算值;

γ_a——危岩落石运动参数分项系数,标准值由随机模拟统计值确定时取 1.1,其余取 1.0。

6.3.8 被动防护网的防护能级应符合下式要求:

$$E_B \geqslant \gamma_E E_d \quad \cdots\cdots\cdots\cdots (4)$$

式中:

E_B——实际采用的被动防护网的防护能级标称值(kJ);

γ_E——被动防护网防护能级的防护工程安全等级分项系数,安全等级为Ⅰ、Ⅱ、Ⅲ级时宜分别取为 1.5、1.35、1.2,单道被动防护网仅有一跨或两跨时则应取为 2;

E_d——危岩落石冲击动能设计值(kJ);

6.3.9 被动防护网的防护高度应符合下式要求:

$$\begin{cases} h_B \geqslant \gamma_h h_{dB} \\ h_B - (h_d + h_R) \geqslant 0.5 \end{cases} \quad \cdots\cdots\cdots\cdots (5)$$

式中:

h_B——实际采用的被动防护网的防护高度标准值(m),一般精度宜取至 0.5 m;

γ_h——被动防护网防护高度的防护工程安全等级分项系数,安全等级为Ⅰ、Ⅱ、Ⅲ级时宜分别取为 1.25、1.15、1.1;

h_{dB}——所需被动防护网最小防护高度设计值(m);

h_d——危岩落石弹跳高度设计值(m);

h_R——模拟危岩落石块体的等效球体半径(m)。

6.3.10 被动防护网与其所保护的区域或建筑物间的顺坡面安全距离应符合下式要求:

$$d_S \geqslant \gamma_d d_B \quad\quad\quad\quad (6)$$

式中:

d_S——被动防护网与其所保护区域或建筑物间的顺坡面安全距离(m);

d_B——被动防护网缓冲距离标准值(m);

γ_d——被动防护网缓冲距离分项系数,一般宜取 1.3。

6.3.11 缺乏相关危岩落石模拟条件时,抢险工程、临时工程或安全等级为Ⅲ级的永久性防护工程,可采用工程类比法或参照附录 K 的方法,估算危岩落石冲击动能设计值、防护网最小防护高度。

6.3.12 工程设计选型中,当采用定型化被动防护网时,应给出满足产品加工制造或采购、质量检验、施工安装与工程验收需要的技术条件或要求,或指出定型化技术文件的出处,并给出附加技术条件或要求;未指定定型化被动防护网时,应给出所需的最小防护能级、最小防护高度、最小残余高度、最大缓冲位移、易维护性等技术条件或要求,以及有关材料或构件、质量检测、施工安装与工程验收的附加技术条件或要求。

6.3.13 受地形或其他条件限制不能沿同一高程附近直线布置的单道被动防护网,如所采用被动防护网定型化技术文件规定了相关处置方法从其规定,否则宜遵循以下原则:

a) 相邻基座间连线与水平面的夹角超过 10°或其间高差超过 1.5 m 时,应增大柔性网片的尺寸或形状改变。

b) 相邻两跨在水平面内的走向朝上坡侧偏离直线且走向改变角超过 5°时,应增加共用钢柱上的下坡侧拉锚绳;如这种走向改变是朝下坡侧偏离直线且走向改变角超过 30°,则应增加共用钢柱上的上拉锚绳。

6.3.14 连续布置的单道被动防护网长度较大时,应进行支撑绳分段,并结合被动防护网的局部走向改变综合考虑分段位置,设置分段钢柱上的拉锚绳。如所采用被动防护网定型化技术文件规定了支撑绳分段方法时从其规定,否则,各支撑绳分段长度不应大于 100 m 或 10 跨。

6.3.15 未定型的被动防护网系统设计及其构件与连接节点深化设计,可参照附录 L 采用有限元方法进行计算分析。

6.4 引导防护网

6.4.1 本规范规定的引导式防护网,包括覆盖式和张口式两种(图 3)。覆盖式是指将金属柔性网覆盖在具有潜在危岩落石的坡面上的引导式防护网;张口式是指在引导防护网的顶部采用钢柱、拉锚绳、支撑绳等固定方式将金属柔性网以一定角度张开的引导式防护网。

6.4.2 勘查报告建议的坡面危岩或危岩落石威胁区域采用覆盖式引导防护网时,布置范围宜向上缘外延伸不小于 3 m,向两侧缘外延伸不小于 2 m,距坡脚 0.5 m 高范围内不宜布置引导防护网,且不应将柔性网延伸布置到坡脚以外的平缓地面上;采用张口式引导防护网时拦截部分可设置在危岩落石弹跳高度相对较低的位置处,布置范围向两侧缘外延伸不小于 5 m。

6.4.3 坡面条件较简单且坡长不超过 100 m 的斜坡,宜采用工程类比法进行引导防护网工程设计,也可根据需要采用专门的锚杆设计。

6.4.4 坡面条件较复杂或坡长超过 100 m 的斜坡,张口式引导防护网覆盖部分和覆盖式引导防护网各构件所受荷载可参照附录 J 的建议方法进行设计计算,张口式引导防护网拦截部分参照

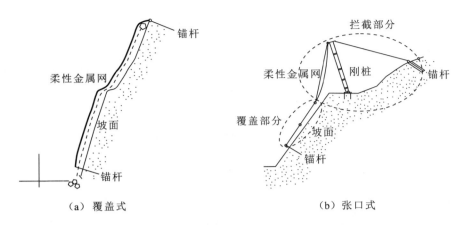

(a) 覆盖式 　　　　　　　　　　(b) 张口式

图 3　引导防护网安装示意图

6.3.7—6.3.8 条计算。除锚杆设计应按 6.5 条规定进行外，其他构件的承载力应符合式(1)的要求。

6.4.5　覆盖式引导防护网防护范围上缘边坡锚固条件极差时，可如图 4 所示将上缘锚杆上移并采用悬吊绳来悬挂柔性网。

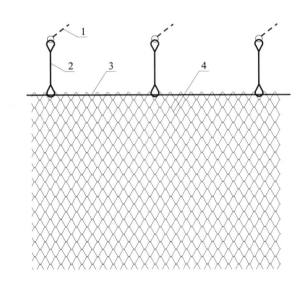

图 4　带悬吊绳的引导防护网主要结构构成简图

1. 柔性锚杆；2. 悬吊绳；3. 上缘支撑绳；4. 柔性网

6.5　锚杆与基础

6.5.1　根据柔性防护网类型和锚杆承载条件的不同，防护网的锚杆类型宜按以下原则选择：

a) 除临时防护工程外，均应采用全长黏结锚杆或混凝土基础埋置锚杆，或在上覆土层段采用混凝土基础而下覆岩石段采用钻孔注浆复合式构造锚杆。

b) 与支撑绳、拉锚绳等钢丝绳类构件端部相连接的锚杆，宜采用锚头有连接环套的柔性锚杆，包括由单根钢丝绳或钢绞线弯折而成的钢丝绳锚杆、由钢丝绳或钢绞线弯折而成的柔性锚头与锚固段钢筋杆体连接而成的复合式柔性锚杆。

c) 梅花形锚固网的带锚垫板锚杆和被动防护网基座锚固锚杆应采用钢筋锚杆或自钻式中空注浆锚杆。

6.5.2 锚杆方位应按以下原则设计：
   a) 主动防护网和引导防护网的锚杆轴向宜垂直于坡面。
   b) 被动防护网用柔性锚杆轴向宜沿其所受拉力方向设置。
   c) 被动防护网钢柱基座的法向锚杆轴向与钢柱间夹角不宜超过15°。

6.5.3 柔性防护网用锚杆的设计除应满足承载力要求外，还应符合以下要求：
   a) 柔性锚杆的锚头连接环套内应嵌套套环，或应在连接环套钢丝绳或钢绞线段套装套管。
   b) 主动防护网和引导防护网用锚杆以及被动防护网用柔性锚杆的锚固段长度不应小于1.5 m，被动防护网钢柱基座锚固锚杆的锚固段长度不应小于0.6 m。
   c) 采用钻孔注浆锚固的锚杆，防腐按《岩土锚杆与喷射混凝土支护工程技术规范》(GB 50086)要求执行。
   d) 钻孔锚杆的注浆应采用强度等级不低于M20的水泥砂浆或水泥浆，埋置锚杆的基础混凝土强度等级不应低于C20。

6.5.4 不同类型的柔性防护网用锚杆结构的设计计算，应包括以下内容：
   a) 柔性锚杆杆体的轴向抗拉承载力。
   b) 梅花形锚固网用钢筋锚杆（含自钻式中空注浆锚杆）杆体的轴向抗拉承载力和按附录J.4中的相关条规定设计时的抗剪承载力。
   c) 被动防护网钢柱基座锚固用钢筋锚杆（含自钻式中空注浆锚杆）杆体的轴向抗拉承载力和抗剪承载力。
   d) 锚杆锚固段注浆体与杆体间、注浆体与地层间的抗拔承载力。

6.5.5 不同类型柔性防护网用锚杆的荷载设计值宜按以下方法确定：
   a) 常用主动防护网和引导防护网的锚杆轴向拉力设计值按6.5.6条计算确定。
   b) 按6.2.4条规定设计的主动防护网和按6.4.4条规定设计的引导防护网，锚杆荷载设计值宜采用附录I方法确定的锚杆轴向拉力设计值作为其设计值。
   c) 按6.3.12条规定设计已指定的被动防护网，如其定型化技术文件给出了锚杆荷载，按给定值采用；否则应根据被动防护网的结构形式采用合适的简化计算模型或数值计算方法计算确定，并以冲击动能等于防护能级的危岩落石冲击跨中位置所得到的锚杆峰值荷载作为锚杆荷载设计值。
   d) 按6.3.12条规定的未指定性方法设计给出选型参数来选定的被动防护网，应采用其定型化技术文件给出的锚杆荷载标准值或标准化定型试验测得的锚杆荷载峰值作为锚杆荷载设计值。

6.5.6 锚杆杆体的轴向抗拉承载力应符合下式要求：

$$R_t \geqslant \gamma_0 N_d \quad \cdots\cdots\cdots\cdots\cdots\cdots\cdots\cdots\cdots\cdots (7)$$

式中：

R_t——锚杆杆体轴向抗拉承载力设计值(N)；

N_d——锚杆轴向拉力设计值(N)；

γ_0——锚杆承载力储备系数，安全等级为Ⅰ、Ⅱ、Ⅲ级的防护工程分别取1.35、1.25、1.15。

对于钢丝绳锚杆，R_t应按下式计算：

$$R_t = \gamma_m R_m \quad \cdots\cdots\cdots\cdots\cdots\cdots\cdots\cdots\cdots\cdots (8)$$

式中：

R_m——柔性锚杆的锚头钢丝绳最小破断拉力(N)；

γ_m——柔性锚杆的锚头连接环套抗拉承载力分项系数,等于连接环套抗拉承载能力与钢丝绳最小破断拉力之比,其中连接环套抗拉承载力通过拉伸试验确定且取三件试样试验结果中的最小值;无试验资料时可按以下方法确定:无任何衬套时取 0.7,嵌套有符合《钢丝绳用普通套环》(GB/T 5974.1)规定的套环或套装有壁厚不小于 1.5 mm 的单层套管时取 1.5,嵌套有符合《钢丝绳用重型套环》(GB/T 5974.2)规定的套环或套装有壁厚不小于 1 mm 的双层套管时取 1.8。

对于钢筋锚杆或中空注浆锚杆,R_t 应按下式计算:

$$R_t = f_y A \quad\quad\quad (9)$$

式中:

f_y——钢筋锚杆或中空注浆锚杆杆体材料抗拉强度设计值,取为其屈服强度标准值(MPa);

A——钢筋锚杆或中空注浆锚杆杆体横截面积(mm^2)。

对于复合式柔性锚杆,应取式(8)和式(9)计算结果的较小值。

6.5.7 钢筋或中空注浆锚杆杆体的抗剪承载力应符合下式要求:

$$f_s A \geqslant \gamma_0 Q_d \quad\quad\quad (10)$$

式中:

Q_d——锚杆抗剪力设计值(N);

f_s——钢筋锚杆或中空注浆锚杆杆体材料抗剪强度设计值,取为 $\sqrt{3}f_y/3$,其中 f_y 取为其抗拉强度标准值(MPa)。

γ_0——锚杆承载力储备系数,安全等级为Ⅰ、Ⅱ、Ⅲ级的防护工程分别取 1.35、1.25、1.15。

6.5.8 锚杆的抗拔承载力应符合下列公式的要求:

$$\pi D L \psi \frac{f_{mg}}{\gamma_b} \geqslant N_d \quad\quad\quad (11)$$

钢丝绳锚杆:

$$(\pi + 2) d L f_{mb} \geqslant N_d \quad\quad\quad (12)$$

钢筋锚杆、中空注浆锚杆或复合式柔性锚杆:

$$\pi d L f_{mb} \geqslant N_d \quad\quad\quad (13)$$

式中:

D——锚杆钻孔直径(mm);

L——锚杆锚固段长度(mm);

f_{mg}——注浆体与地层间极限黏结强度标准值(MPa),宜通过现场试验确定,无试验资料时可按表 4 和表 5 选取;

γ_b——注浆体与地层间黏结强度分项系数,主动防护网和引导防护网用锚杆取 1.5,被动防护网用锚杆取 1.25;

N_d——锚杆轴向拉力设计值(N);

ψ——锚固段长度对注浆体与地层间极限黏结强度的影响系数,可按表 6 选取;

d——锚杆杆体直径(mm);

f_{mb}——注浆体与锚杆杆体间黏结强度设计值(MPa),可按表 7 选取。

表4 岩石与注浆体极限黏结强度标准值

岩石类别	岩石天然单轴抗压强度(MPa)	f_{mg}值(MPa)
坚硬岩	>60	1.5~2.5
较硬岩	>30~60	1.0~1.5
软岩	5~30	0.6~1.2
极软岩	<5	0.6~1.0

表5 土体与注浆体极限黏结强度标准值

土层种类			f_{mg}值(MPa)
碎石土	N标贯值	10	0.1~0.2
		20	0.15~0.25
		30	0.25~0.30
		40	0.30~0.40
砂土		10	0.1~0.15
		20	0.15~0.20
		30	0.20~0.27
		40	0.28~0.32
		50	0.30~0.40
黏性土	软塑		0.02~0.04
	可塑		0.04~0.06
	硬塑		0.05~0.07
	坚硬		0.08~0.12

注:N标贯值为标准贯入试验锤击数。

表6 锚固段长度对注浆体与地层间极限黏结强度的影响系数

锚固地层	土层			岩石		
锚固段长度(m)	6~10	4~6	≤4	3~6	2~3	≤2
ψ值	1.0~1.3	1.3~1.6	1.6	1.0~1.3	1.3~1.6	1.6

表7 注浆体与锚杆杆体间黏结强度设计值 f_{mb}/MPa

锚杆锚固段杆体类型		注浆体强度等级			
		M20	M25	M30	M40
临时	预应力螺纹钢筋	1.4	1.6	1.8	2.0
	钢丝绳、普通钢筋或中空钢管	1.0	1.2	135	1.5
永久	预应力螺纹钢筋	/	1.2	1.4	1.6
	钢丝绳、普通钢筋或中空钢管	/	0.8	0.9	1.0

注:表中数据引用自《岩土锚杆与喷射混凝土支护工程技术规范》(GB 50086—2015)。

6.5.9 采用混凝土基础内设置的锚杆来固定位于斜坡上的被动防护网钢柱基座时，基础的抗滑移稳定性至少应符合以下两式之一的要求：

$$\frac{(P_b+G)\tan\delta + E_p B_0}{Q_b} \geqslant 1.3 \quad\cdots\cdots\cdots\cdots\cdots\cdots\cdots\cdots (14)$$

$$\frac{(P_b+G)\tan\delta + c(B+H)H/\tan\beta + 0.5\gamma B H^2 \tan\varphi/\tan\beta}{Q_b} \geqslant 1.3 \quad\cdots\cdots\cdots\cdots (15)$$

式中：

P_b——基础底面受到的法向作用力设计值(kN)；

G——混凝土基础自重(kN)；

δ——基础底面与地基土间的摩擦角(°)，无测定值时可近似取为地基土的内摩擦角；

E_p——基础前土压力(kN/m)，可按朗肯被动土压力计算；

B——基础底面宽度(m)；

B_0——考虑基础周边土体抗力的基础计算宽度(m)，$B\geqslant 1$m 时，$B_0=B+1$，$B<1$ m 时，$B_0=1.5B+0.5$；

Q_b——基础顶面受到的水平作用力设计值(kN)，在按 6.5.5 条的方法确定被动防护网锚杆荷载设计值时同时确定；

c——基础前土体的内聚力(kPa)；

H——基础前缘埋深(m)；

β——基础前斜坡平均坡角(°)；

γ——基础前土体的容重(kN/m³)；

φ——基础前土体的内摩擦角(°)。

6.5.10 被动防护网钢柱基座的混凝土基础顶面不宜高出其下缘位置处的地面，如不可避免，其顶面宽度应尽可能小。

6.6 辅助措施

6.6.1 应按相关规范规定设计坡面排水措施，以免导致危岩失稳崩落。

6.6.2 矩阵式锚固网布置设计时，应结合坡面起伏特征设置部分锚杆孔孔口凹坑使柔性网尽可能贴近坡面。在不能确定孔口凹坑的具体位置和数量时，应规定设置孔口凹坑的原则和几何尺寸要求。

6.6.3 根据受保护对象区域特点、预计的危岩落石量和后期维护条件，围护网应配套设置坡脚低能级被动防护网、危岩落石槽、拦石墙(堤)等拦石措施，以及足够的危岩落石停积场地。

6.6.4 安全等级为Ⅰ级且难以直接到达的高陡斜坡防护工程，宜设计便于后期维护作业的行人通道。

6.6.5 柔性防护网设置区域内不能拆除的输电铁塔、水塔、通讯设施、房屋等既有建筑物或设施，以及具有自然、历史、艺术价值需要保护的区域，应对施工期保护措施进行专门设计。

6.5.6 边坡条件极其复杂、工程量很大、防护工程施工极其困难、施工作业存在严重安全隐患或对下部区域构成严重威胁的防护工程，应对施工期的安全措施进行专门设计。

6.7 环境保护

6.7.1 柔性防护网工程措施应依据国家有关法规和规范进行环境保护设计。

6.7.2 环境保护设计应遵循以下原则：不破坏或少破坏既有环境条件，不改变或少改变原有地形地貌和地表植被。

6.7.3 柔性防护网产品不应采用易于析出的高污染材料,不宜采用易于失效破坏的材料。

6.7.4 需要砍除的灌木应保持其重新生长的条件;防护工程实施可能破坏原有植被时,宜考虑人工绿化措施。

6.7.5 施工渣土和废料的集中弃置场地和必要的处理措施宜根据需要设置。

6.7.6 如水资源保护、坡面自然水流形态保护与改道、水土保持、景观保护与再造、施工噪声与粉尘控制、野生动物栖息地和迁徙通道保护等其他相关环境保护设计,应根据工程环境特点进行。

7 施工与监理

7.1 一般规定

7.1.1 危岩落石柔性防护网工程施工前,应根据总体规划、设计文件、施工环境、施工技术条件、工程地质和水文地质条件等,制定合理、可行、有效并确保施工安全的施工组织设计。

7.1.2 施工前应认真检查进场原材料、构件及施工设备的技术性能是否符合设计要求。施工安装时,不得改变设计规定的各类构件的安装位置及其连接关系、连接程度。

7.1.3 防护工程应先行施工永久性或满足暴雨、地下水排泄需要的临时性坡面排水设施。

7.1.4 除梅花形锚固网可按7.4.4条建议的顺序选择性地组织施工外,其他柔性防护网工程均应按坡面准备与施工放线、锚杆与基础施工、柔性防护网上部结构安装的顺序组织施工。一个连续布置的独立防护网或一组相互关联的防护网,宜在完成全部锚杆或基础放线定位后,再施工作业。

7.1.5 当实际地质地形条件与设计条件存在明显差异,且影响防护工程实施或防护效果,需要变更设计时,应及时报告。

7.1.6 施工前,应规划和修建便于施工人员行走、材料搬运的坡面施工通道。设计已含后期检查维护通道时,应结合进行。

7.1.7 防护网工程应实行监理制,以确保工程施工按设计要求实施。

7.2 施工准备与施工放线

7.2.1 施工作业前,应结合现场坡面条件和设计要求,对阻碍工程施工、威胁施工作业安全的局部突起体或孤危石、凹坑和树木进行清除或回填,做好施工准备工作。

7.2.2 当坡面条件可能影响防护网的防护功能或施工安装时,应按设计要求的位置、间距与容许误差范围,按有利于防护网功能发挥、便于施工、满足设计要求的优先顺序,放线确定锚杆或混凝土基础的位置。如设计文件未作相关规定,宜按以下原则控制锚杆或混凝土基础的定位误差:

a) 局部调整锚杆或混凝土基础位置时,不应减少设计要求的锚杆或混凝土基础数量。

b) 矩阵式锚固网的锚杆间距应能使网片周边与支撑绳的间距不大于网孔边长的1.5倍,并不小于网孔边长的1/3。

c) 梅花形锚固网和引导防护网的锚杆间距不应大于设计标准值的1.1倍。

d) 被动防护网中的柔性锚杆与相邻钢柱基座间的顺坡间距调整量,不应超过设计标准值的10%,连线方位误差不应超过5°,且设计标准位置位于与其相邻的两个钢柱基座间连线上的锚杆,以及下坡侧的锚杆均不得设置在上坡侧。

e) 被动防护网两相邻钢柱基座间距离调整量不应大于设计值的20%,且一道防护网的总长度负误差不应超过0.2 m。若这种调整导致钢柱基座间连线走向的变化,应符合6.3.13条的规定。
   f) 被动防护网同一钢柱基座的锚杆间距和相对方位误差应严格控制在能顺利安装基座的范围内。

7.2.3 矩阵式锚固网锚杆定位的同时，宜结合坡面地形条件和设计要求，标记出需要开凿孔口凹坑的锚杆孔。

7.3 锚杆与混凝土基础施工

7.3.1 钻孔应在已确定的锚杆孔位置处按设计要求的孔径、长度和方位施工。矩阵式锚固网工程中需要开凿锚杆孔口凹坑的，宜在钻孔同时按设计尺寸开凿。

7.3.2 钻孔注浆试验和锚固力抗拔试验应根据斜坡岩土体条件进行，确定合理的单孔注浆量，核定设计锚固力承载值。试验结果与设计差异较大时应反馈设计部门修改设计。

7.3.3 锚杆安装可采用先注浆后插入锚杆或先插入杆体后注浆的方法完成。

7.3.4 锚杆杆体的安放应符合以下规定：
   a) 锚杆杆体插入孔内前，应清除孔内岩粉、土屑、积水和杆体上的油污、锈斑。
   b) 杆体插入后，应避免杆体的外露锚头段受到注浆体的污染。
   c) 与支撑绳、拉锚绳等构件连接的柔性锚杆外露连接环套，应避免两侧钢丝绳段呈上下叠置关系发生弯曲。

7.3.5 锚杆的注浆除应符合设计规定的注浆体强度等级外，尚应符合以下规定：
   a) 浆体水灰比宜为 0.45～0.55，水泥砂浆的灰砂比宜为 1.0～2.0。
   b) 水泥砂浆用砂的粒径不应大于 2 mm。
   c) 锚固段长度大于 4 m 时，应采用孔底返浆法注浆。
   d) 注浆量应饱满。

7.3.6 采用混凝土基础埋置的锚杆宜采用预埋方式。

7.3.7 除因特殊需要添加早凝剂的情形外，在锚杆与其他构件连接前，注浆体或基础混凝土的养护时间不应少于 3 d。

7.4 柔性防护网的安装

7.4.1 柔性防护网按 6.1.7 条规定包含格栅网或高强度钢丝网时，应将格栅网或钢丝网安装在直接面向危岩落石荷载作用一侧。

7.4.2 设计文件规定了柔性防护网的安装顺序和方法时，应按设计规定安装；未明确规定时，宜按 7.4.3～7.4.6 条的建议顺序和方法安装各类柔性防护网。

7.4.3 完成锚杆施工后，矩阵式锚固网的上部结构宜按以下顺序安装：
   a) 包含格栅网时，宜首先铺挂格栅网片并进行各网片边缘间的扎结。
   b) 支撑绳安装，一般宜先安装横向支撑绳。在先安装纵向支撑绳后再安装横向支撑绳时，宜使交叉点处的横向支撑绳从纵向支撑绳下穿过。
   c) 柔性网片铺挂及其与支撑绳间的缝合连接。
   d) 包含格栅网时，承载柔性网与格栅网间的扎结。

7.4.4 完成坡面准备后，梅花形锚固网可按以下两种顺序之一安装：
   a) 顺序一：
      1) 放线确定锚杆孔位、锚杆施工。

2) 包含格栅网时,宜先铺挂格栅网片并进行各网片边缘间的扎结。
3) 柔性网片铺挂及各网片间的连接。
4) 边界支撑绳安装。
5) 锚垫板安装,包含格栅网时承载柔性网与格栅网间的扎结。

b) 顺序二:
1) 放线确定顶排锚杆孔位、顶排锚杆施工。
2) 依次进行上边缘排柔性网片铺挂及各网片间的连接、上边界支撑绳安装、顶排锚垫板安装。包含格栅网时,宜先铺挂上边缘排格栅网片并进行各网片边缘间的扎结。
3) 依次进行其他格栅网(包含时)、承载柔性网的安装。
4) 结合已安装柔性网与坡面间的贴近状态和设计要求,确定其他锚杆孔位并完成锚杆施工。
5) 其他锚垫板和边界支撑绳安装,包含格栅网时,宜同时进行承载柔性网与格栅网间的扎结。

7.4.5 完成锚杆施工后,铰接钢柱式被动网的上部结构宜按以下顺序安装,其中若支撑绳、拉锚绳等钢丝绳类构件带有消能装置,应与钢丝绳构件同时安装:

a) 基座安装,采用地层钻孔锚杆固定的基座,宜用砂浆找平安装处地面。
b) 钢柱与拉锚绳安装,带有防止钢柱朝上坡侧反向倾倒的防倾倒构件时,应同时安装。
c) 顺端部钢柱设置,用以连接端部柔性网外侧边缘的边垂绳安装,如其他位置的钢柱也带有这类构件,应同时安装。
d) 上、下支撑绳安装,柔性网与上、下支撑绳采用穿挂方式连接时,应在安装上支撑绳的同时悬挂柔性网片,然后再安装下支撑绳。
e) 柔性网安装,包括柔性网片间及与边垂绳和上、下支撑绳间的连接,包含中部横向约束绳时,可与柔性网同时或之后安装。
f) 包含格栅网时,在承载网的上坡侧铺挂格栅网片并进行各网片边缘间以格栅网与承载网间的扎结。

固定钢柱式被动网上部结构的安装顺序,除将铰接钢柱式被动防护网上部结构的安装工序 a)和 b)合并进行外,其后续工序相同。

7.4.6 柔性网与上缘支撑绳间采用缝合连接方式,且能借助自重附着于坡面的引导防护网,完成锚杆施工后宜按以下顺序安装:

a) 上缘支撑绳安装。
b) 包含格栅网时,铺挂格栅网片并进行网片间及格栅网与上缘支撑绳间的扎结。
c) 柔性网安装,包括上边缘排网片与上缘支撑绳间及各网片间的缝合连接,包含格栅网时,宜同时完成承载网与格栅网间的扎结。

柔性网与上缘支撑绳间采用穿挂方式连接的引导防护网,上边缘排柔性网应与上缘支撑绳同时安装。如包含格栅网,宜同时安装上缘排格栅网,且宜预先将格栅网与承载网扎结后再与上缘支撑绳穿挂连接安装;包含格栅网且不能稳定附着于坡面的引导防护网,宜预先将格栅网与承载网扎结后一起安装。

7.4.7 柔性防护网上部结构的安装除应符合设计规定外,如设计文件对以下内容无明确要求,尚应符合以下规定:

a) 各柔性网片间及其与支撑绳间的缝合连接应确保每一个边缘网孔都被连接。

b) 矩阵式锚固网中,柔性网片应基本位于相邻四根锚杆所限定的防护单元中部,连接网片与支撑绳的缝合绳不应与锚杆直接连接,并应手动张紧缝合绳。

c) 包含格栅网时,各网片间的搭接宽度不应小于一个网孔尺寸,各格栅网网片间及其与承载网间的扎结点间距不应大于 1 m;

d) 各类支撑绳均应采用张拉设备张紧,被动网上支撑绳的下垂度不应大于柱间距的 3%。

e) 被动防护网的格栅网上边缘应翻卷到下坡侧至少 15 cm 并与承载柔性网扎结,底部宜顺坡向上延伸铺挂至少 50 cm。

7.5 施工安全

7.5.1 设计要求的施工期专门安全措施,应在开始坡面作业前完成。

7.5.2 主体施工作业前,应清除工程区域内及上部坡面影响施工安全的浮土浮石。

7.5.3 做好施工人员安全防护,进场人员应戴安全帽,陡坡和高空作业人员还应佩戴安全绳和安全带。

7.5.4 不同高程或作业区域间的施工作业不应相互干扰,避免作业区危岩落石、落物威胁下部作业人员、行人及设施安全。

7.5.5 主动防护网的锚杆施工、格栅网或承载网安装应从上向下进行,且宜随着锚杆施工向下推进,尽早进行锚杆施工区上方的格栅网或柔性网安装。

7.5.6 钢柱和柔性网等大尺寸构件坡面搬运时,应确保搬运通道畅通。

7.5.7 解开和展开卷装捆扎的钢丝绳网时,其弹开侧不应有人员。

7.5.8 支撑绳张拉时,人员应远离支撑绳意外回弹所能波及的范围。

7.5.9 施工作业时,应严密监测防护区域及其上部坡面危岩或孤石的稳定状态,一旦发现失稳迹象,应及时发出险情预警;发生危岩落石后,应及时查明危岩落石源和发生原因,检查危岩落石源周边及沿滚落路径是否会发生次生险情,必要时应及时进行处理。

7.5.10 施工作业时,应在醒目位置设置安全标示,安全标示的设置应符合国家相关规范规程要求。

7.6 环境保护

7.6.1 柔性防护网工程实施应符合设计对环境保护的要求。

7.6.2 工程实施应符合国环规环评〔2017〕4 号公告《建设项目竣工环境保护验收暂行办法》中的相关规定。

7.7 施工监理

7.7.1 施工监理应依据防护工程勘查设计文件及相关工程建设标准和法规实施。

7.7.2 按非指定性设计形式设计的被动防护网,应核查所用被动防护网是否符合设计要求,相关产品技术文件是否满足质量检测、施工安装与工程验收的需要,锚杆与基础的补充设计是否符合本规范规定。

7.7.3 应编制并提交监理日志、定期监理报告和最终监理工作总结。

8 质量检验与工程验收

8.1 防护网质量检验与验收

8.1.1 防护网材料进场后、工程施工前,应组织质量检验,形成质量检验文件。检验合格后方能进行施工。防护网质量检验的基本内容应包括:

a) 核查提供的证明文件、抽查构件和材料的性能。
b) 检查合格证明文件齐套性与工程设计技术要求的符合性。
c) 构件和原材料性能抽检应覆盖防护网所有构件和材料。
d) 抽查数量应符合工程设计要求，工程设计无具体要求时应按表8进行。

表8 柔性防护系统主要构件现场检验抽样表

序号	构件名称	抽样单位	批量	样本量	说明
1	柔性防护网片	张	2～8	2	样本中有一件不合格则增加一倍抽样，若增加抽样中有任一件不合格，则整批不合格
2	钢柱、基座	个	9～15	3～4	
3	锚杆	根	16～100	5～15	
4	消能装置	个	101～500	16～50	
5	绳卡、卸扣	个	501～10 000	51～200	
6	钢丝绳、钢丝	kg	10 001～500 000	201～800	
			500 001及其以上	801～1 250	

8.1.2 质量证明文件应包括产品合格证明、原材料材质证明、产品定型文件等，一般还应提供盐雾试验报告、防护网危岩落石冲击第三方试验报告、防护网网片抗顶破力第三方试验报告，并符合如下要求：

a) 产品合格证明、原材料材质证明应内容完整、清晰，应包括厂家名称、产品名称、规格型号等内容；原材料材质证明应包括型钢、钢丝绳、钢丝等材质证明。
b) 产品定型文件应包括生产厂家信息、系统设计图、构件型号和数量、构件性能检测报告和原材料性能检测报告。
c) 消能装置应提供静力启动荷载、动力启动荷载和吸能值第三方试验报告，主动网十字卡扣应提供抗错动力和抗脱落力第三方检验报告，试验方法按照附录H。
d) 盐雾试验应包括钢丝绳、钢绞线、钢丝、压合前后的十字卡扣、卸扣、绳卡等构件，试验方法应满足《人造气氛腐蚀试验 盐雾试验》(GB/T 10125)的规定要求，通常试验时间应不小于300 h。
e) 危岩落石冲击试验报告中的试验能级应不低于设计能级要求，试验方法应符合《铁路边坡柔性被动防护产品危岩落石冲击试验方法与评价》(TB/T 3449)的规定要求。
f) 防护网网片抗顶破力的试验方法应符合本规范附录M规定。

8.1.3 零构件和材料检验应符合下列要求：

a) 采用尺量方式测量防护网网片、网孔、基座、钢柱等尺寸，抽查零构件所用材料尺寸。
b) 钢丝绳性能检验按《钢丝绳通用技术条件》(GB/T 20118)的规定进行。
c) 编织所用钢丝性能按《一般用途低碳钢丝》(YB/T 5294)的规定进行检测，镀层重量按相关标准规定的方法进行检测。
d) 钢构件用钢材的机械性能和化学成分按《碳素结构钢》(GB/T 700)的规定进行检测，镀层厚度采用测厚仪测量。
e) 根据设计采用的钢筋锚杆类型，按《钢筋混凝土用钢 第2部分：热轧带肋钢筋》(GB/T 1499.2)、《预应力混凝土用螺纹钢筋》(GB/T 20065)或《锚杆用热轧带肋钢筋》(YB/T 4364)标准规定的方法检验其钢筋性能。

8.2 防护工程验收

8.2.1 一般规定

a) 防护网工程完成后,应按照设计要求进行工程验收,形成验收文件。

b) 防护网工程验收应在施工单位自验收的基础上,由建设单位组织按行业验收程序进行。

c) 工程验收应检查竣工档案、工程数量和质量,填写工程质量检查评定表,评定工程质量等级。

d) 工程检查项目由保证项目、允许偏差项目和竣工档案资料三部分组成,保证项目必须符合质量评定的规定,在该前提下根据其他项目的情况评定质量等级。

e) 工程质量按下列规定分为不合格、合格、优良三个等级。

1) 不合格

不满足合格和优良等级规定的视为不合格。

2) 合格

① 保证项目必须符合本规范有关章节的规定。

② 允许偏差项目抽查的点数中,70%以上的实测值应在本规范有关章节的允许偏差范围内。

③ 竣工档案资料基本齐全。

3) 优良

① 保证项目必须符合本规范有关章节的规定。

② 允许偏差项目抽查的点数中,90%以上的实测值应在本规范有关章节的允许偏差范围内,且最大偏差值不得超过允许偏差值的2倍。

③ 竣工档案资料齐全、准确。

f) 不合格的工程经返工达到要求后,只能评定为合格;未达到要求的,不能通过验收。

8.2.2 主动防护网

a) 质量检验

1) 主动防护网工程的质量检验内容包括:构件尺寸,安装位置及其防护范围,基础或锚孔,注浆和网片安装符合性等。

2) 实测项目。

① 基础:基础位置、基坑尺寸、混凝土配合比、混凝土强度。

② 锚孔:孔位、孔径、锚孔角度、锚孔深度等。

③ 注浆:水泥浆或砂浆的配合比和强度等。

④ 锚杆体组装:钢丝绳和杆体长度。

⑤ 每个主动防护网单元工程均应进行锚杆抗拔力检验。宜随机抽取总数的3%且不少于5根进行抗拔力检验。

⑥ 当设计对锚杆有特殊要求时,可增做相应的检查验收试验。

⑦ 网孔尺寸(包括网孔内切圆直径、网孔直径、网孔边长、单位长度网孔数等)、网片及钢丝绳强度。

⑧ 固定钢丝绳绳卡的规格、数量与工程设计的符合性。

b) 质量评定标准
   1) 保证项目。
      ① 孔径、杆体长度、钢丝绳强度、混凝土强度、水泥浆或砂浆强度必须达到设计要求。
      ② 锚杆抗拔力必须达到设计要求。
      ③ 钢丝绳不允许断丝。
      ④ 网片、配件材质、型号及规格必须达到设计要求。
      ⑤ 网片安装必须符合设计要求。
   2) 允许偏差应符合工程设计要求,无设计要求时按表9执行。

表 9 主动网允许偏差项目表

序号	检查项目	允许偏差	检查方法
1	锚杆孔距	±100 mm	全部,尺量
2	锚杆锚固角度	<2.5°	全部,钻孔测斜仪
3	承载柔性网网孔尺寸	+5%,负偏差不限	抽检5%,不少于5张,钢尺测量

8.2.3 被动防护网

a) 质量检验
   1) 被动防护网工程的质量检验内容包括:构件尺寸测量,锚孔、锚杆体的组装与安放、注浆、混凝土基础,支撑结构安装、网片安装等。
   2) 实测项目。
      ① 基础:基础位置、基坑尺寸、混凝土配合比、混凝土强度。
      ② 锚孔:孔位、孔径、锚孔角度、锚孔深度等。
      ③ 锚杆体组装:钢丝绳和杆体长度。
      ④ 注浆:水泥浆或砂浆的配合比和强度等。
      ⑤ 每个被动防护网单元工程均应进行锚杆抗拔力检验,宜随机抽取总数的3%且不少于5根进行抗拔力检验。
      ⑥ 当设计对锚杆有特殊要求时,可增做相应的检查验收试验。
      ⑦ 网孔尺寸(包括网孔内切圆直径、网孔直径、网孔边长、单位长度网孔数)、网片强度及钢丝绳强度均应符合设计要求。
      ⑧ 固定钢丝绳的绳卡的规格、数量与工程设计的符合性。

b) 质量评定标准
   1) 保证项目。
      ① 孔径、钢丝绳强度、杆体长度、混凝土强度、水泥浆或砂浆强度必须达到设计要求。
      ② 锚杆抗拔力必须达到设计要求。
      ③ 钢丝绳不允许断丝。
      ④ 网片、配件材质、型号及规格必须达到设计要求。
      ⑤ 测量被动网防护高度、钢柱间距、分段距离、安装角度、消能装置安装位置,应达到设计要求。
   2) 允许偏差项目见表10,其偏差应符合工程设计要求。

表 10 被动网允许偏差项目表

序号	检查项目		允许偏差	检查方法
1	锚杆位置与间距	水平方向	±50 mm	全部,尺量
		垂直方向	±100 mm	全部,尺量
2	锚杆锚固角度		<2.5°	全部,钻孔测斜仪
3	基础轴线位置、间距		±200 mm	全部,尺量
4	基础断面尺寸		±20 mm	全部,尺量
5	标称高度		±50 mm	全部,尺量
6	菱形网或环形网孔尺寸		±50 mm	抽检5%,不少于5张,尺量
7	格栅网或双绞六边形网孔尺寸		±10 mm	抽检5%,不少于5张,尺量

8.2.4 引导防护网

a) 质量检验

1) 引导防护网工程的质量检验内容包括:原材料质量、锚孔、注浆的密实程度、网片缝合等。

2) 实测项目。

① 基础:基础位置、基坑尺寸、混凝土配合比、混凝土强度。

② 锚孔:孔位、孔径、锚孔角度、锚孔深度等。

③ 锚杆体组装:钢丝绳和杆体长度。

④ 注浆:水泥浆或砂浆的配合比和强度等。

⑤ 网片缝合:扎丝绑扎密度、钢丝穿孔间距。

⑥ 每个引导防护网单元工程均应进行锚杆抗拔力检验,宜随机抽取总数的3%且不少于5根进行抗拔力检验。

⑦ 当设计对锚杆有特殊要求时,可增做相应的检查验收试验。

⑧ 网孔尺寸(包括网孔内切圆直径、网孔直径、网孔边长、单位长度网孔数)、网片强度及钢丝绳强度均应符合设计要求。

⑨ 固定钢丝绳绳卡的规格、数量与工程设计的符合性。

b) 质量评定标准

1) 保证项目。

① 孔径、钢丝绳强度、杆体长度、水泥浆或砂浆强度必须达到设计要求。

② 锚杆抗拔力必须达到设计要求。

③ 钢丝绳不允许断丝。

④ 网片、配件材质、型号及规格必须达到设计要求。

⑤ 网片安装必须符合设计要求。

⑥ 扎丝绑扎间距符合要求。

2) 允许偏差项目见表11,其偏差应符合工程设计要求。

表 11 引导网允许偏差项目表

序号	检查项目		允许偏差	检查方法
1	岩体中锚孔	孔径	±2 mm	游标卡尺
2	钢筋锚杆	孔深	±50 mm	钢尺测量
3	钢丝绳锚杆	孔深	±20 mm	钢尺测量
4	锚杆锚固角度		<2.5°	全部，钻孔测斜仪
5	网孔尺寸		±50 mm	抽检5%，钢尺测量

8.2.5 外观要求

防护网工程外观应符合以下要求：

a) 基础混凝土应密实平整，无裂缝、翘曲、蜂窝、麻面等缺陷。
b) 金属构件表面不得有锈蚀、漏镀等缺陷。
c) 防护网片应与支撑绳连接牢靠，不得漏缝空格，立柱与基础连接正确。
d) 安装效果平顺、牢固、美观。
e) 紧固件固定牢固。

8.2.6 竣工资料

危岩落石柔性防护网防治工程验收时，应提交下列资料：

a) 勘查报告、设计文件、图纸会审纪要（记录）、设计变更单、重大问题处理文件、技术洽商记录及材料代用通知单等。
b) 经审定的施工组织设计及执行中的变更情况。
c) 防治工程测量放线图及其签证单。
d) 防护网和原材料（钢筋、水泥、砂、石料、钢丝绳、卸扣、绳卡等）出厂合格证、场地材料抽检报告、试验报告（冲击试验和盐雾试验等）。
e) 锚杆的各种承载力第三方试验报告和锚杆抗拔试验等现场检测报告。
f) 混凝土设计配合比和混凝土试块强度试验报告。
g) 基坑、基槽、锚孔验槽报告。
h) 各隐蔽工程检查验收记录。
i) 各种施工记录。
j) 各分部分项工程质量检查报告及验收记录。
k) 竣工图及竣工报告（含安装产品与定型产品一致性说明），竣工报告编制提纲见附录 N。
l) 业主或邀请第三方单位出的监测报告（包括全施工期及完工一个水文年或经历了一个雨季）。

9 工程监测与维护

9.1 一般规定

9.1.1 危岩落石柔性防护网工程监测与维护内容包括：防护效果检查与监测、数据库、险情预警与应急处置、防护工程维修等。

9.1.2 防护效果的检查应包括日常检查和特殊时期的专项检查。

9.2 防护效果检查与监测

9.2.1 日常检查应按下述要求进行：

a) 主动网防护工程的日常检查频次，对于安全等级为Ⅰ级的工程每年至少6次，安全等级为Ⅱ级的工程每年至少3次，安全等级为Ⅲ级的工程每年至少1次；被动网和引导防护网的日常检查，对于安全等级为Ⅰ级的工程每年至少12次，安全等级为Ⅱ级的工程每年至少6次，安全等级为Ⅲ级的工程每年至少2次。

b) 主动网防护工程的日常检查内容应包括：防护结构是否发生锈蚀、坡面岩土体位移或变形现象、坡面新鲜岩土体破坏痕迹、坡面植被分布及变化特征等。被动防护网和引导防护网防护工程的日常检查应包括：柔性网或支撑绳变形、钢柱变形、防护工程上坡侧的堆积物变化、防护工程底部是否有不同于以往的大块危岩落石等。

9.2.2 如遇特殊气候事件、地震或日常检查中发现问题时，应进行专项检查。专项检查应按照下述要求进行：

a) 通过有针对性的详细检查，评价相关构件是否保持其作用功能，是否需要维修或更换。

b) 专项检查内容应包括：

1) 防护网各构件是否遭受挤压变形、扭曲、弯曲、破断等机械性破损或腐蚀，评价破损程度，需要时提出换补方案。

2) 对于主动网系统，还应检查网内堆积物和边坡的滑动、开裂、掏空等现象，并评价对防护系统的影响，需要时提出处理方案。

3) 对于被动网系统，还应检查和评价上坡侧堆积物及其对系统的影响、系统的有效防护高度、消能装置、钢柱、基座等的有效性，需要时提出处理方案。

4) 对于引导防护网，张口式引导防护网应检查和评价上坡侧堆积物及其对系统的影响，覆盖式引导防护网应指出网内堆积物和边坡的滑动、开裂、掏空等现象及其对防护系统的影响，需要时提出处理方案。

9.2.3 对于安全等级为Ⅰ级的防护工程，应选择张力检测仪、断线检测仪、振动检测仪等设备对柔性防护系统进行实时监测；对于安全等级为Ⅱ级和Ⅲ级的防护工程，可根据实际需求对柔性防护系统开展实时监测。

9.3 险情预警与应急处置

9.3.1 险情预警信息应以防护网工程各阶段的检查和监测为基础，由专业监测单位向工程管护单位及时报送。

9.3.2 工程管护单位应根据工程具体情况，建立工程险情应急处置机制。在接到预警报告后，工程管护单位应立即启动应急系统，组织相关技术和管理人员赶赴现场，勘查崩塌危岩落石发生情况、柔性防护网变形破坏情况，对危岩落石及时组织清理，对防护网应及时修补、更换，确保满足设计要求。必要时，应重新进行危岩落石地质灾害柔性防护网工程的勘查、设计与施工。

9.4 防护工程维护

9.4.1 工程管护单位应按职责划定治理工程范围，设立保护标志，负责工程运行的日常巡视检查和维护管理。

9.4.2 在工程质量保修期内,由施工单位负责运行中工程施工质量缺陷检查、修复和加固。工程质量保修期之外,由工程管护单位负责运行中工程质量缺陷检查、修复和加固。

9.4.3 当出现下述情况时,柔性防护系统的相关构件应进行修补或更换。

  a) 当钢丝绳单股破断、整绳破断或严重扭曲、弯曲、挤压变形、磨蚀甚至断丝的钢丝数量达到10％以上时,必须更换钢丝绳。

  b) 当钢筋锚杆锚头段弯曲超过15°或有可见裂纹存在时,则必须更换钢筋锚杆,当锚杆拔出超过3 cm,或者因锚杆处岩土体垮塌、冲刷等引起锚固段暴露长度超过10 cm时,必须更换锚杆。

  c) 当链式绞织网发生断丝、严重扭曲或弯曲、明显的机械损伤痕迹、端头打结分离时,必须更换整根波纹丝或绞线。

  d) 当环形网的网环钢丝发生严重扭曲、弯曲或断丝时,必须更换该网环,当需要更换的网环数超过10个时,宜考虑更换整张网片。当网环内有钢丝从约束件中滑出或钢丝束的约束件脱落,则应用钢丝绳夹予以固定。

  e) 当钢丝绳网有3根或以上钢丝发生损伤或破坏时,应考虑更换所在绳段,当更换涉及3个或以上网孔时,则必须更换整张网片,当十字卡扣脱落、破坏,或3个及以上卡扣处钢丝绳发生超过1 cm的滑动,则必须更换整张网片。

  f) 当发现销轴松动、脱落等现象时,必须重新拧紧或补足已缺失的卸扣;

  g) 当构件因锈蚀而有效承载断面减小达到10％以上时,应更换相关构件。但部分特殊构件更换应符合下列规定:

    1) 当一张钢丝绳网内有5个以上的十字卡扣出现明显锈蚀时,必须更换整张网片;

    2) 明显锈蚀的钢丝绳夹必须更换;

    3) 消能装置的变形吸能主体发生明显锈蚀时,必须更换消能装置。

9.4.4 被动系统的修补和维护还应符合下列规定:

  a) 当防护网上坡侧堆积物的高度超过防护网设计高度的1/4时,应予以清除。

  b) 当防护网的有效防护高度减小达到10％以上时,宜重新张拉支撑绳,恢复其设计防护高度;当有效防护高度减小达到30％以上时,应进行重新张拉支撑绳或防护网。

  c) 当消能装置位移释放量达到其最大可释放量的40％以上时,应更换该消能装置。

  d) 当钢柱弯曲变形角超过15°时,应考虑更换;当钢柱与基座之间的连接销发生严重弯曲,并影响钢柱转动时应予以更换。

  e) 钢柱和基座固定的基础位移超过5 cm时,则应根据所在位置的地形和地层条件进行适当的加固。

9.5 数据库

9.5.1 柔性防护网工程应建立数据库作为基础平台,将所有防护网工程的基本信息采用计算机进行存储和管理。

9.5.2 数据库内容应包括:危岩落石勘查、设计、施工、监理和验收等基本信息;防护网特征、各类监测预警数据、灾害发生信息、损失情况、维修清理记录等。

9.5.3 数据信息形式包括:文字信息、数字信息和图片信息,数据采集和整理以单个工程段为单位。工程段环境信息除文字和数字信息外,宜补充全景式数码照片或连续录像信息。

附 录 A
（资料性附录）
危岩稳定性分析方法与评价

A.1 一般规定

A.1.1 危岩稳定性计算所采用的荷载为危岩自重、裂隙水压力和地震力。

A.1.2 危岩稳定性计算所采用的工况可分为下列三种情形，各工况考虑的荷载组合应符合下列规定：

    a) 工况1，现状工况：考虑自重和裂隙水压力，对坠落式危岩不考虑裂隙水压力。
    b) 工况2，暴雨工况：考虑自重和暴雨时裂隙水压力。
    c) 工况3，地震工况：考虑自重、现状时裂隙水压力和地震力，对坠落式危岩不考虑裂隙水压。

A.2 危岩稳定性计算

A.2.1 危岩的稳定性应根据危岩范围、规模、危岩破坏模式及已经出现的变形破坏迹象，采用工程类比法进行定性判断。当危岩破坏模式难以确定时，应同时进行各种可能破坏模式的危岩稳定性计算。

A.2.2 危岩稳定性计算中，裂隙水压力可按下式计算：

$$V = \frac{1}{2}\gamma_w h_w^2 \quad\quad\quad\quad (A.1)$$

式中：
V——裂隙水压力(kN/m)；
γ_w——水的重度，取10 kN/m³；
h_w——裂隙充水高度(m)，对于危岩后缘裂隙排水不畅的，在现状时按实际调查取值，在暴雨时可取裂隙深度的1/3～2/3。

A.2.3 危岩稳定性计算中，地震力方向可视为水平，地震力大小可按下式计算：

$$Q = \zeta_e W \quad\quad\quad\quad (A.2)$$

式中：
Q——地震力(kN/m)；
W——危岩自重(kN/m)；
ζ_e——地震系数，取0.05。

A.2.4 滑移式危岩稳定性计算模式(图A.1)应符合下列规定：

$$F = \frac{(W\cos\alpha - Q\sin\alpha - V)\cdot\tan\varphi + cl}{W\sin\alpha + Q\cos\alpha} \quad\quad\quad\quad (A.3)$$

式中：
V——裂隙水压力(kN/m)，根据不同工况按式(A.1)计算；
Q——地震力(kN/m)，根据式(A.2)计算；

F——危岩稳定性系数；

c——后缘裂隙内聚力标准值(kPa)，当裂隙未贯通时，取贯通段和未贯通段内聚力标准值按长度加权的平均值，未贯通段内聚力标准值取岩石内聚力标准值的0.4；

φ——后缘裂隙内摩擦角标准值(°)；

l——滑块滑面长度；

α——滑面倾角(°)。

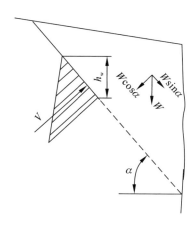

图A.1 滑移式危岩稳定性计算模型

A.2.5 倾倒式危岩稳定性计算应符合下列规定：

a) 由后缘岩体抗拉强度控制时，按下式计算（图A.2）：

危岩重心在倾覆点之外时：

$$F = \frac{\frac{1}{2}f_{lk} \cdot \frac{H-h}{\sin\beta}\left(\frac{2}{3}\frac{H-h}{\sin\beta} + \frac{b}{\cos\alpha}\cos(\beta-\alpha)\right)}{W \cdot a + Q \cdot h_0 + V\left(\frac{H-h}{\sin\beta} + \frac{h_w}{3\sin\beta} + \frac{b}{\cos\alpha}\cos(\beta-\alpha)\right)} \quad \cdots\cdots (A.4)$$

危岩重心在倾覆点之内时：

$$F = \frac{\frac{1}{2}f_{lk} \cdot \frac{H-h}{\sin\beta}\left(\frac{2}{3}\frac{H-h}{\sin\beta} + \frac{b}{\cos\alpha}\cos(\beta-\alpha)\right) + W \cdot a}{Q \cdot h_0 + V\left(\frac{H-h}{\sin\beta} + \frac{h_w}{3\sin\beta} + \frac{b}{\cos\alpha}\cos(\beta-\alpha)\right)} \quad \cdots\cdots (A.5)$$

式中：

h——后缘裂隙深度(m)；

H——后缘裂缝上端到未贯通段下端的垂直距离(m)；

a——危岩重心到倾覆点之间的距离(m)；

b——后缘裂隙未贯通段下端到倾覆点之间的水平距离(m)；

h_0——危岩重心到倾覆点的垂直距离(m)；

f_{lk}——危岩抗拉强度标准值(kPa)，根据岩石抗拉强度标准值乘以0.4的折减系数确定；

α——危岩与基座接触面倾角(°)；

β——后缘裂隙倾角(°)。

其他符号意义同前。

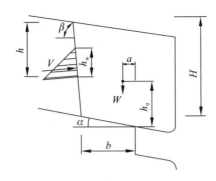

图 A.2 倾倒式危岩稳定性计算模型(后缘岩体抗拉控制)

b) 由底部岩体抗拉强度控制时,按式(A.6)计算(图 A.3):

$$F = \frac{\frac{1}{3}f_{lk} \cdot b^2 + W \cdot a}{Q \cdot h_0 + V\left(\frac{1}{3}\frac{h_w}{\sin\beta} + b\cos\beta\right)} \quad \cdots\cdots\cdots\cdots (A.6)$$

式中各符号意义同前。

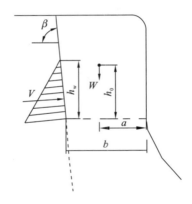

图 A.3 倾倒式危岩稳定性计算模型(底部岩体抗拉控制)

A.2.6 坠落式危岩稳定性计算应符合下列规定:
a) 对后缘有陡倾裂隙的悬挑式危岩按下列二式计算,稳定性系数取两种计算结果中的较小值(图 A.4)。

$$F = \frac{c(H-h) - Q\tan\varphi}{W} \quad \cdots\cdots\cdots\cdots (A.7)$$

$$F = \frac{\zeta \cdot f_{lk} \cdot (H-h)^2}{Wa_0 + Qb_0} \quad \cdots\cdots\cdots\cdots (A.8)$$

式中:
ζ——危岩抗弯力矩计算系数,依据潜在破坏面形态取值,一般取 $1/16 \sim 1/12$,当潜在破坏面为矩形时可取 $1/16$;
a_0——危岩重心到潜在破坏面的水平距离(m);
b_0——危岩重心到过潜在破坏面形心的铅垂距离(m);

f_{lk}——危岩抗拉强度标准值(kPa),根据岩石抗拉强度标准值乘以0.2的折减系数确定;
c——危岩内聚力标准值(kPa);
φ——危岩内摩擦角标准值(°)。
其他符号意义同前。

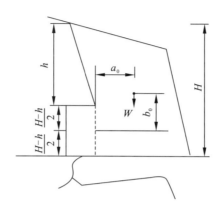

图A.4　坠落式危岩稳定性计算模型(后缘有陡倾裂隙)

b) 对后缘无陡倾裂隙的悬挑式危岩按下列二式计算,稳定性系数取两种计算结果中的较小值(图A.5)。

$$F = \frac{cH_0 - Q\tan\varphi}{W} \quad\quad\quad (A.9)$$

$$F = \frac{\zeta \cdot f_{lk} \cdot H_0}{Wa_0 + Qb_0} \quad\quad\quad (A.10)$$

式中:
H_0——危岩后缘潜在破坏面高度(m);
f_{lk}——危岩抗拉强度标准值(kPa),根据岩石抗拉强度标准值乘以0.3的折减系数确定。
其他符号意义同前。

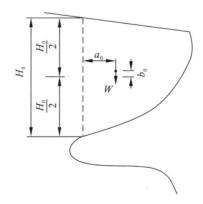

图A.5　坠落式危岩稳定性计算模型(后缘无陡倾裂隙)

A.3 危岩稳定性评价

A.3.1 危岩稳定状态应根据稳定系按表 A.1 确定。

表 A.1 危岩稳定状态

危岩稳定性系数 F		危岩稳定状态		
		不稳定	基本稳定	稳定
危岩类型	滑塌式危岩	$F<1.0$	$1.0 \leqslant F<1.3$	$F \geqslant 1.3$
	倾倒式危岩	$F<1.0$	$1.0 \leqslant F<1.5$	$F \geqslant 1.5$
	坠落式危岩	$F<1.0$	$1.0 \leqslant F<1.5$	$F \geqslant 1.5$

A.3.2 当某一工况危岩稳定系数大于或等于安全系数时,危岩在该工况下的稳定性可视为满足要求。

A.3.3 危岩稳定性安全系数应根据危岩防治工程等级和危岩类型,按表 A.2 确定。

表 A.2 危岩加固设计安全系数取值建议

危岩类型	危岩防治工程安全等级					
	一级		二级		三级	
	工况1、工况2	工况3	工况1、工况2	工况3	工况1、工况2	工况3
滑移式危岩	1.40	1.15	1.30	1.10	1.20	1.05
倾倒式危岩	1.50	1.20	1.40	1.15	1.30	1.10
坠落式危岩	1.60	1.25	1.50	1.20	1.40	1.15

附 录 B
（资料性附录）
危岩落石计算分析方法

B.1 崩塌危岩落石冲击力

崩塌危岩落石冲击力可按下列公式计算：

垂直向：

$$q_{Y\max} = \frac{(1+k_n) \times 2.108 \times G^{\frac{2}{3}} \times \lambda^{\frac{2}{5}} \times H^{\frac{3}{5}} \times \sin\beta}{\pi(R + h \times \tan\varepsilon)^2} \quad \cdots\cdots (B.1)$$

水平向：

$$q_{X\max} = \frac{(1+k_t) \times 2.108 \times G^{\frac{2}{3}} \times \lambda^{\frac{2}{5}} \times H^{\frac{3}{5}} \times \cos\beta}{\pi(R + h \times \tan\varepsilon)^2} \quad \cdots\cdots (B.2)$$

$$\varepsilon = 45° - \frac{\varphi}{2} \quad \cdots\cdots (B.3)$$

式中：

$q_{X\max}$、$q_{Y\max}$——分别为水平向和垂直向最大分布荷载（kPa）；
G——危岩落石质量（t）；
k_n、k_t——法向恢复系数、切向恢复系数，具体取值详见表 B.1；
λ——拉梅系数（kN/m²），建议取 1 000；
H——危岩落石至碰撞点高度（m）；
h——结构缓冲土层厚度（m）；
ε——冲击力缓冲土层扩散角（°），按式（B.3）计算；
φ——冲击力缓冲土层内摩擦角（°）；
β——冲击力入射角（°）；
R——危岩落石等效半径高度（m）。

当危岩落石沿坡面滚动时，冲击力入射角 β 取坡面与缓冲层顶面相交处切线夹角；当危岩落石沿坡面弹跳时，冲击力入射角 β 取危岩落石坠入缓冲层时速度方向与缓冲层顶面的夹角。崩塌危岩落石法向恢复系数、切向恢复系数可按表 B.1 取值。

表 B.1 法向恢复系数 k_n 和切向恢复系数 k_t 取值

取值来源	坡面覆盖层特征及场地描述	k_n	k_t
美国联邦公路CRSP程序,2000	极软:以拳击易被打入几英寸	0.10	0.50
	软:拇指易压入几英寸	0.10	0.55
	坚实:一般用力下拇指可压入几英寸	0.15	0.65
	坚硬:拇指易压出痕迹,但需极用力才可压入	0.15	0.70
	极坚硬:易被拇指指甲划伤	0.20	0.75
	坚固:难于被拇指指甲划伤	0.20	0.80~0.85
	极软岩:可被拇指指甲划伤	0.15	0.75
	较软岩:地质锤尖击打可破碎,易被小刀切削	0.15	0.75
	软岩:难被小刀切削,可被地质锤击打出浅坑	0.20	0.80
	中等岩:小刀不能切削,可被地质锤一下击碎	0.25	0.85
	硬岩:试件需要不止一下才可击碎	0.25~0.30	0.90
	较硬岩:试件需要多次才能击碎	0.25~0.30	0.90~1.0
	极硬岩:试件仅能被地质凿切割	0.25~0.30	0.90~1.0
Giani,1992	基岩裸露	0.5	0.95
	块石堆积层	0.35	0.85
	岩屑堆积层	0.30	0.70
	土层	0.25	0.55

B.2 危岩落石弹跳运动轨迹

a) 危岩落石最大弹跳高度由下式确定:

$$H_{\max} = s \cdot \tan\alpha + \frac{(v_i' \sin\beta)^2}{2g} \quad \cdots\cdots (B.4)$$

$$s = \frac{v_i'^2 \sin\beta\cos\beta}{g} \quad \cdots\cdots (B.5)$$

$$v_i' = v_i \sqrt{(k_n\cos\alpha)^2 + (k_t\sin\alpha)^2} \quad \cdots\cdots (B.6)$$

$$v_i = \sqrt{v_{ox}^2 + (v_{oy} + gt)^2} \quad \cdots\cdots (B.7)$$

$$\beta = \theta - \alpha \quad \cdots\cdots (B.8)$$

$$\theta = \arctan\left(\frac{k_n}{k_t}\cot\alpha\right) \quad \cdots\cdots (B.9)$$

式中:

$H_{\max}$——危岩落石最大弹跳高度(m);
s——危岩落石弹跳最高点距离起跳点的水平距离(m);
v_i'——危岩落石碰撞坡面后的反弹速度(m/s);
v_i——危岩落石碰撞坡面后的入射速度(m/s);
v_{ox}——危岩落石脱离母岩后沿 x 轴的初速度(m/s);
v_{oy}——危岩落石脱离母岩后沿 y 轴的初速度(m/s);

g——重力加速度(m/s²);
t——危岩落石坠落时间(s),由坠落初速度及具体地形按自由落体的公式试算得出;
k_n、k_t——岩块法向恢复系数与切向恢复系数由表 B.2 确定;
α——斜坡坡角(°);
β——危岩落石运动方向与水平面的夹角(°);
θ——危岩落石反弹方向与坡面的夹角(°)。

表 B.2 岩块恢复系数

恢复系数	地面岩性				
	硬岩	软岩	硬土	普通土	松土
法向恢复系数 k_n	0.40	0.35	0.30	0.26	0.22
切向恢复系数 k_t	0.86	0.84	0.81	0.75	0.65

b)危岩落石最大滚落距离由下式确定:

$$S_{max} = \frac{0.7 v_{it}'^2}{g\cos\alpha(\tan\alpha - \tan\varphi_d)} \quad \cdots\cdots (B.10)$$

$$v_{it}' = k_t v_i \sin\alpha \quad \cdots\cdots (B.11)$$

式中:
$\tan\varphi_d$——滚动阻力系数,可由表 B.3 确定;
v_{it}'——危岩落石碰撞坡面后沿坡面的反弹速度,即初始滚动速度(m/s);
v_i——危岩落石碰撞坡面的入射速度(m/s);
k_t——岩块切向恢复系数,由表 B.2 求得;
S_{max}——危岩落石最大滚动距离(m)。

表 B.3 岩块滚动阻力系数

坡面特征	滚动阻力系数
光滑岩面、混凝土表面	0.30~0.60
软岩面、强风化硬岩面	0.40~0.60
堆石堆积坡面	0.55~0.70
密实碎石堆积坡面、硬土坡面、植被(灌木丛为主)发育	0.55~0.85
密实碎石堆积坡面、硬土坡面、植被不发育或少量杂草	0.50~0.75
松散碎石坡面、软土坡面、植被(灌木丛为主)发育	0.50~0.85
软土坡面、植被不发育或少量杂草	0.50~0.85

T/CAGHP 066—2019

附 录 C
（资料性附录）
勘查工作方案编制提纲

1 前言

包括任务由来、勘查目的与任务、勘查区位置交通、以往地质工作程度等。

2 危岩落石的基本特征

    2.1 危岩落石分布范围
    2.2 危岩落石历史与危害
    2.3 危岩落石形成的地质条件
包括斜坡地形及植被、斜坡地层岩性、斜坡地质构造等。
    2.4 诱发危岩失稳的因素分析
包括地震活动、降雨和河流冲刷、爆破和工程震动、风化与卸荷等。
    2.5 危岩稳定性和危岩落石运动初步分析
        2.5.1 危岩稳定性分析
        2.5.2 危岩落石运动分析

3 防护方案初步建议

    3.1 既有防治工程概况
    3.2 防护方案初步建议
包括治理思路和方案、拟建防护工程布置。

4 勘查工作布置

    4.1 勘查工作依据
    4.2 勘查工作布置与技术要求
包括地质调查、地形测量、勘查、试验等。
        4.2.1 地质调查
        4.2.2 地形测量
        4.2.3 勘查
        4.2.4 试验
    4.3 勘查工作量

5 勘查组织管理与保障措施

    5.1 勘查工作进度计划
    5.2 勘查人员配备
    5.3 勘查设备配置

5.4 质量安全保障措施

6 勘查工作费用预算

 6.1 预算编制依据
 6.2 预算费用构成

7 预期勘查成果

 7.1 勘查报告编制主要内容和要求
 7.2 附图、附件编制主要内容和要求
  1) 平面布置图：危岩落石区勘查工作布置图、拟设防护工程区布置图等
  2) 剖面布置图：危岩落石区纵剖面图、典型危岩勘查工作布置剖面图等
  3) 钻孔结构的理想地质设计图
  4) 槽探及井探的理想地质展示设计图

附 录 D
（资料性附录）
勘查报告编制提纲

1 前言

包括任务由来、勘查目的与任务、勘查区位置交通、以往地质工作程度、勘查设计与实际完成工作量、勘查工作质量评述等。

2 危岩落石的基本特征

2.1 危岩落石分区
2.2 危岩落石历史调查
2.3 危岩落石形成的地质条件
　　2.3.1 斜坡地形及植被
　　2.3.2 斜坡地层岩性
　　2.3.3 斜坡地质构造
2.4 危岩危险性和危岩落石危害性分析
2.5 诱发危岩失稳的因素分析
包括区域地震活动、降雨和河流冲刷、爆破和工程震动、风化与卸荷等。
2.6 危岩落石的失稳破坏地质模式
根据实际情况，选择对滑移式、倾倒式、坠落式、零星脱落、坡面翻滚几种情形中的主要模式进行详细描述分析，其他可适度简写。

3 危岩稳定性和危岩落石运动分析

3.1 危岩稳定性分析
包括危岩失稳破坏地质模式、分析方法和参数确定、危岩稳定性评价等。
3.2 危岩落石运动预测分析
　　3.2.1 历史危岩落石运动路径
　　3.2.2 危岩落石块度及运动路径分析
　　3.2.3 危岩落石运动参数计算及预测评价

4 既有防治工程评述与防治方案建议

4.1 既有防治工程效果评述
4.2 防治工程目标及总体治理思路
4.3 防治工程设计参数建议
4.4 防治方案建议

5 拟设工程区的工程地质条件

    5.1 主动防护区工程地质条件

    5.2 被动防护区工程地质条件

6 施工条件

    6.1 施工条件

    包括道路条件、施工场地、施工弃渣场及征占地等。

    6.2 建筑材料

    6.3 供水供电

7 防治效益评估

    包括经济效益评估、社会效益评估、环境效益评估、减灾效益评估。

8 结论与建议

    8.1 结论

    8.2 建议

附图

    1) 平面图：危岩落石与防护区工程地质平面图（全区域1∶500～1∶2 000，拟采取工程区1∶100～1∶500）

    2) 剖面图：包含危岩落石区工程地质纵剖面图与沿防护网工程地质剖面图等（1∶500～1∶2 000，重点危岩1∶50～1∶100）

    3) 危岩落石工程地质立面图（1∶500～1∶2 000，重点危岩1∶50～1∶100）

    4) 钻孔综合柱状图（1∶50～1∶100，可选）

    5) 槽探及井探地质展示图（1∶50～1∶200）

附件

    1) 危岩落石调查图表

    2) 现场试验记录及综合成果图表（可选）

    3) 试验与测试报告

    4) 遥感解译专题报告（可选）

    5) 勘查影像资料

其他附件

    1) 勘查任务书或委托书

    2) 勘查成果内审意见书

    3) 勘查资质证书

    4) 勘查工作方案

附 录 E
（资料性附录）
柔性防护网各类型号适用性选型表

表 E 柔性防护网各类型号适用性选型表

类型	适用条件	选型依据
主动防护网	适用于节理、裂隙发育的弱风化硬质岩且整体稳定的路堑边坡防护	①对于高度小于 20 m 的低矮边坡；②坡面岩体完整性较好的岩质陡边坡；③坡面起伏较大的高陡裸露岩质边坡；④允许对坡面扰动且可进行封闭施工的边坡；⑤落石频发率较低且发生落石后便于及时清理的边坡
被动防护网	适用于危岩落石防护工程，适用于整体稳定，但坡面（表）节理裂隙较发育、危岩发育较多，拦截落石后便于清理维护，且存在满足系统发挥作用产生最大变形时所需要的空间，一般设置于坡度相对较缓的坡体中下部及路堑堑顶或低矮路堤外自然斜坡	①现场有满足系统网片受冲击变形时不对防护对象造成损害安全距离条件；②孤石、危石分布较多且分散的坡面；③坡面起伏较小的裸露岩质边坡；④高度大于 20 m 的上陡下缓边坡；⑤落石频发率低且发生落石后便于维护清理的边坡
引导防护网	适用于危岩落石防护工程，适用于整体稳定，但坡面（表）节理裂隙较发育、危岩发育较多，坡面（表）不宜过多扰动、清理困难、落石源与线路间高差大，且坡脚可进行落石收集或采用其他组合防护措施的高陡边坡	①存在浅表层潜在滑动或局部溜坍、塌落等变形破坏可能的土质或强风化的类土质边坡，或者是坡面大块孤石发生崩落后可能牵引后侧边坡浅表层失稳破坏并进一步引起其他孤石崩落的块石土边坡，且坡脚有落石堆积区的边坡；②对于坡面锚固条件较好的陡边坡；③维护条件较差、清理工作难度较大或潜在落石频发率较高的边坡

附 录 F
（资料性附录）
柔性防护网常用原材料与构件

F.1 常用原材料与构件类型

F.1.1 柔性防护网常用原材料与构件主要包括以下几类：
  a) 钢丝、钢丝绳。
  b) 锚杆、锚垫板。
  c) 由钢丝绳制成的支撑绳、拉锚绳和缝合绳等。
  d) 高强度钢丝网、绞索网、环形网和钢丝绳网等起主要承载作用的柔性网（本规范简称承载柔性网或柔性网），以及网孔尺寸较小的普通钢丝编织网（本规范简称格栅网）。
  e) 被动防护网专用的钢柱、基座、消能装置。
  f) 绳夹、卸扣、螺栓、螺母、节点卡扣等用以实现构件间连接或作为构件组成部分的连接件和紧固件。

F.1.2 常用的承载柔性网主要包括以下几类：
  a) 高强度钢丝网：用高强度钢丝制成的扁螺旋网丝逐根链式绞织而成的柔性网。
  b) 绞索网：用高强度钢绞线制成的扁螺旋网索逐根链式绞织而成的柔性网，包括长菱形和正方形网孔两类。
  c) 环形网：用高强度钢丝盘绕成环并相互套接而成的柔性网。
  d) 钢丝绳网：用钢丝绳交叉编织并在交叉节点处用节点卡扣固定而成的柔性网。

F.2 部分常用原材料的承载特性要求

F.2.1 钢丝绳

钢丝绳应符合《钢丝绳通用技术条件》(GB/T 20118)的规定，柔性防护网工程设计中的技术要求应至少包括钢丝绳的公称直径、公称抗拉强度，必要时还应包括钢丝绳的结构形式。目前常用钢丝绳技术要求如下：
  a) 公称抗拉强度不应低于 1 770 MPa。
  b) 直径 10 mm 以下的钢丝绳宜采用 6×7+IWS 结构形式，直径 10 mm～12 mm 的钢丝绳宜采用 6×7+IWS 或 6×19+IWS 结构形式，直径 12 mm 以上的钢丝绳宜采用 6×19+IWS、6×19+IWR 或 6×36WS+IWR 结构形式。钢丝绳锚杆亦可采用股数较少的其他结构形式钢丝绳。

F.2.2 钢丝

  a) 高强度钢丝网、绞索网、环形网等所用钢丝应符合《制绳用钢丝》(YB/T 5343)中一般用途钢丝的规定，柔性防护网工程设计中的技术要求应至少包括钢丝的公称直径、公称抗拉强度。常用的钢丝公称直径不宜小于 2 mm、公称抗拉强度不应低于 1 770 MPa。
  b) 格栅网用钢丝应符合《一般用途低碳钢丝》(YB/T 5294)的规定，柔性防护网工程设计中的技术要求应至少包括钢丝的公称直径、公称抗拉强度。常用的钢丝公称直径不宜小于 2.2 mm、公称抗拉强度不宜低于 500 MPa。

F.2.3 钢筋与型钢

a) 柔性防护网用钢筋锚杆一般采用普通螺纹钢筋或预应力螺纹钢筋制成,分别应符合《钢筋混凝土用钢 第 2 部分:热轧带肋钢筋》(GB/T 1499.2)、《锚杆用热轧带肋钢筋》(YB/T 4364)或《预应力混凝土用螺纹钢筋》(GB/T 20065)的规定,设计技术要求应至少包括钢筋的公称直径和牌号,采用最低强度牌号的钢筋时可省略对钢筋牌号的要求。

b) 被动防护网用钢柱柱体多采用符合《热轧 H 型钢和剖分 T 型钢》(GB/T 11263)规定的 H 型钢制成,部分特定型号的被动防护网也采用钢管(包括圆形、方形和矩形钢管)、工字钢、槽钢等型钢制成,设计技术要求应至少包括型钢的型号或截面尺寸。

F.3 部分常用构件的承载特性要求

F.3.1 承载柔性网和格栅网

a) 承载柔性网的技术要求应至少包括制网用钢丝、钢绞线或钢丝绳的技术要求和网孔尺寸;矩阵式锚固网用柔性网还应包括网片尺寸;链式绞织的高强度钢丝网、绞索网和环形网还应包括环链破断拉力;环形网还应包括每个网环周边套接的网环数,这些技术要求构成了产品符合性检验的项目。表 F.1~表 F.3 给出了常用柔性网网型的相关技术要求(高强度钢丝网和绞索网的网型代号中的钢丝直径为 3 mm 时,采用了目前习惯的缺省表述方式),其中网孔尺寸(包括网孔内切圆直径、网孔直径、网孔边长、单位长度网孔数)正误差均不应大于 5%,网片尺寸负误差不应大于 50 mm。

表 F.1 常用高强度钢丝网技术要求

网型	钢丝直径/mm	抗拉强度/MPa	最小环链破断拉力/kN	网孔内切圆直径/mm	单位长度网孔数/个·m⁻¹	
					长轴向	短轴向
T/65	3	1 770	12	65	7	12
T4/65	4		20		7.2	12
T4/80	4			80	5.6	9.8

注:除表中要求外,两相邻网丝端部应交叉扭结并自身缠绕至少两圈。

表 F.2 常用绞索网技术要求

网型	钢丝直径/mm	钢绞线结构形式	公称抗拉强度/MPa	最小环链破断拉力/kN	网孔内切圆直径/mm	单位长度网孔数/个·m⁻¹	
						长轴向	短轴向
S/250	3	1×3	1 770	30	250	2.1	3.1
S/130	3			30	143	3.3	5.6
S4/250	4			50	250	2	3.4
S4/130	4			50	130	3.3	5.6
Q/280/4×4	3			30	280	2.5	2.5

注:除表中要求外,两相邻网索端部应交叉扭结并自身缠绕至少两圈。

表 F.3 常用钢丝绳网技术要求

网型	钢丝绳直径/mm	公称抗拉强度/MPa	网孔边长/mm	网片规格(m×m)及其网孔排列数						
				4×4	4×3	4×2	5×3	5×4	5×5	5×6
DO/08/300	8	1 770	300	9×5	10×7	10×9	—	—	—	—
DO/08/250			250	—	—	—	14×9	14×11	14×13	14×15
DO/08/200			200	—	—	—	17×11	17×14	17×16	17×22
DO/08/150			150	—	—	—	23×14	23×19	23×24	23×27

注：除表中要求外,网绳交叉节点处的抗错动拉力和抗脱落拉力分别不应小于 5 kN 和 10 kN。

  b) 常与承载柔性网配合使用的格栅网,设计计算中一般不考虑承载能力,其技术要求应至少包括制网用钢丝的技术要求和网孔尺寸。

F.3.2 锚杆和锚垫板

  a) 柔性防护网用锚杆包括钢筋锚杆和与各类支撑绳和拉锚绳相连的柔性锚杆,其中柔性锚杆包括由单根钢丝绳弯折而成的钢丝绳锚杆和由钢丝绳柔性锚头与锚固段钢筋杆体连接而成的复合式柔性锚杆两类结构形式。

  b) 柔性锚杆的技术要求除应包括 F.2.1 或 F.2.3 第 1 款的内容外,还应包括锚杆结构形式和长度,且两类柔性锚杆的锚头环套处均应嵌套套环或套管。

  c) 钢筋锚杆的技术要求除应包括 F.2.3 第 1 款的内容外,还应包括锚杆长度,由普通螺纹钢筋制成的锚杆还应包括连接螺纹段长度和螺纹规格。

  d) 地层难以成孔时,可采用自钻式中空注浆锚杆替代钢筋锚杆,其技术要求应至少包括锚杆长度、杆体截面规格与材料特性。

  e) 梅花形锚固网的钢筋锚杆通常与带扣爪的菱形锚垫板配套安装,其技术要求应至少包括锚垫板的几何尺寸和板材厚度。

F.3.3 钢柱及其基座

被动防护网用钢柱的技术要求除应包括 F.2.3 第 2 款的内容外,还应包括钢柱及其基座的构造形式、几何尺寸。

F.3.4 消能装置

消能装置的技术要求应至少包括其最大有效工作荷载、最大有效位移释放量,以及全程工作范围内的能量吸收能力等工作特性。仅当结构加工工艺影响可忽略不计时,才可采用结构形式、几何尺寸和材料特性等效替代其工作特性技术要求。

F.4 防腐蚀措施与使用年限

F.4.1 防腐蚀措施

  a) 除临时防护工程和不锈钢、铝或铝合金等材质类构件外,柔性防护网所用金属材料与构件均应采取适当的防腐蚀措施。

b) 柔性防护网工程防腐蚀措施主要包括热浸镀锌或锌-铝合金、电镀锌、热喷锌、粉末渗锌、防腐蚀涂料涂装等。一些常用原材料和构件的防腐蚀措施和相关规则如下：

1) 钢丝、钢丝绳和钢绞线主要采用不低于AB级的热浸镀锌，F.1.1和F.1.2包含了相关的技术要求。
2) 钢丝和钢绞线也常采用热浸镀锌－5％铝-混合稀土合金，其相关技术要求可参照《锌－5％铝-混合稀土合金镀层钢丝、钢绞线》(GB/T 20492)执行。
3) 钢柱、基座、锚垫板等大尺寸钢铁质构件主要采用热浸镀锌。当设计或技术要求未明确锌层厚度或质量时，应符合《金属覆盖层　钢铁制件热浸镀锌层　技术要求及试验方法》(GB/T 13912)的规定。
4) 钢筋锚杆杆体、绳夹、卸扣、钢丝绳网节点十字卡扣、螺栓和螺母等普通钢铁质连接件，主要采用热浸镀锌或电镀锌。当设计或技术要求规定为电镀锌时，不排除采用相同镀层厚度或重量的热浸镀锌或热喷锌、粉末渗锌替代。
5) 设计或技术要求规定为镀锌层时，不排除采用镀层厚度或重量不低于规定镀锌层的80％的热浸镀锌－5％铝-混合稀土合金替代。

F.4.2 防腐蚀金属镀层的预期使用年限

防腐蚀金属镀层的预期使用年限与镀层金属种类和工艺、所处大气环境的腐蚀性等密切相关，迄今尚无可靠的确定方法，可根据按《金属和合金的腐蚀　大气腐蚀性　第1部分：分类、测定和评估》(GB/T 19292.1)确定工程环境大气腐蚀性等级，参照《Corrosion of metals and alloys-Corrosivity of atmospheres-Guiding values for the corrosivity categories》(ISO 9224—2012)或《金属和合金的腐蚀　大气腐蚀性　第2部分：腐蚀等级的指导值》(GB/T 19292.2)大致估算。当镀层金属为锌-5％铝-混合稀土合金时，其防腐蚀预期使用年限可按相同厚度镀锌层预期使用年限的2～2.5倍确定。

F.5 主动防护网和引导防护网常用柔性网承载力计算参考指标（表F.4、表F.5）

表F.4　网孔呈长菱形的常用高强度钢丝网和绞索网的承载力计算参考指标

网型	T/65	T4/65	S/250	S/130	S4/250
纵/横向抗拉强度[a]/kN·m^{-1}	150/60	250/90	120/60	220/105	220/110
锚杆约束处的纵/横向抗拉承载力[b]/kN	30/20	50/35	35/25	60/45	50/40

[a] 纵向指网孔长轴向，横向指网孔短轴向。
[b] 该组参数为采用长轴尺寸为330 mm且两端带扣爪的锚垫板约束条件下测得，可用于梅花形锚固网中锚杆及其锚垫板约束处柔性网的承载力计算。

表F.5　网孔近为正方形的常用绞索网和钢丝绳网的承载力计算参考指标

网型	Q/280	DO/08/300	DO/08/250	DO/08/200
纵/横向抗拉强度[a]/kN·m^{-1}	105/100	105/95	125/115	155/145

注：[a] 纵向指网孔长轴向，横向指网孔短轴向。

附 录 G
(资料性附录)
柔性网环链破断拉力试验方法

G.1 试验目的

本试验的目的是通过环链破断拉力试验，综合检验高强度钢丝网、绞索网和环形网用钢丝或钢绞线的成网性能与制网工艺质量，以保证柔性网具有足够的承载力。

G.2 试样

每组试样数量为 3 个环链试样，每个试样包含两个相互套接的网孔单元（图 G.1）。其原材料、网孔几何形状、网孔间连接方式和制作工艺应与制网时相同，或从成品网片中切取部分网孔后加工而成，网孔尺寸宜与相应的柔性网网孔尺寸相同。仅当试验机的容留空间有限时，可采用不小于相应网孔尺寸 25％的比例缩小试样网孔尺寸。

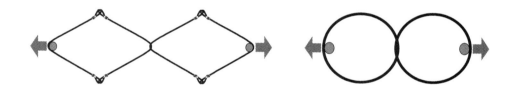

图 G.1 环链破断拉力试样及试验方法示意图

G.3 试验方法

试验在拉力试验机上进行。试验时沿图 G.1 箭头所示方向进行拉伸直至破坏，加载圆杆直径不宜小于试样用钢丝、绞索或钢丝束直径的 3 倍，加载速率不宜大于 2 kN/s。

G.4 试验结果与判定

G.4.1 测取开始加载直至试样破坏过程中的最大拉力值作为单件受试试样的环链破断拉力测定结果。三件试样测定结果的算术平均值即为相应柔性网的环链破断拉力试验结果。

G.4.2 符合性检验时宜遵循以下原则进行判定：环链破断拉力试验结果不应小于其公称值，单件试样的环链破断拉力最低值不应小于相应公称值的 95％，否则应双倍取样进行复验。若复验结果仍不符合该要求，则判定相应的柔性网不合格。

附 录 H
（资料性附录）
柔性防护系统消能装置性能试验方法

H.1 消能装置静力性能检测试验

H.1.1 试验目的

本试验的目的是通过消能装置最大有效工作荷载、最大有效位移释放量，以及全程工作范围内能量吸收能力综合检验其工作特性，以保证被动防护网在遭受危岩落石冲击时消能装置能够正常发挥作用，并具有足够的过载保护功能。

H.1.2 消能装置类型

鉴于不同类型消能装置结构形式和工作原理的差异性，本附录采用以下两种分类方式：
a) 按消能装置工作时变形吸能主体的端部加载方式分为单端加载消能装置和两端加载消能装置。前者仅一端受载，另一端为自由端，反力点在两端之间，如目前常用的 U 形消能装置；后者在工作时两端同时受载，如目前常用的减压环。
b) 按消能装置工作荷载随位移释放量的变化特征分为恒载消能装置和变载消能装置。前者荷载不随位移变化或仅发生较小的起伏变化，如目前常用的 U 形消能装置；后者荷载随位移明显变化，如目前常用的减压环。

H.1.3 试样

每组试样数量为两件，并按其连接方式准备好与拉力试验机的连接端。当试验机的容留空间有限时，单端加载的恒载消能装置可适当切除其变形吸能柱体自由端的一部分。

H.1.4 试验方法

试验在拉力试验机上进行。将消能装置试样安装到试验机上，施加拉力到系统稳定后将拉力回零；以不大于 2 kN/s 的加载速率施加拉力，记录荷载和位移释放量至试验暂时停止或结束。不同类型消能装置的试验暂时停止或结束条件如下：
a) 当试样不能再释放位移或所释放位移已达到其公称最大有效位移释放量，或拉力持续增大并超过其公称最大有效工作荷载时，结束试验。
b) 对于恒载消能装置，当拉力趋于稳定或相对于中间值仅有不超过5%的变化，且试样已释放位移量不小于 20 cm 时，可结束试验。
c) 消能装置破坏失效时，结束试验。
d) 当试验机的容留空间有限，试验尚未达到前述结束条件而试验机又不能继续拉伸时，可暂时停止试验。将不影响消能装置后续工作特性，或仅起荷载传递作用的已发生位移释放段部分切除后，再次安装并重复前述过程进行拉伸试验，即整个试验允许分段拉伸完成。

H.1.5 试验结果与判定

a) 前述试验可得到试样的荷载-位移曲线（$P-s$ 曲线）如图 H.1 所示,其中实线为实测全程 $P-s$ 曲线(未包含试验结束时的卸载段)。图 H.1(a)中点划线为分段拉伸试验时的卸载和重新加载段 $P-s$ 曲线。

b) 测取加载过程的最大拉力值,以该值和消能装置公称最大有效工作荷载的较小值作为单件试样的最大有效工作荷载。两件试样测定结果的算术平均值即为相应消能装置的最大有效工作荷载试验结果。

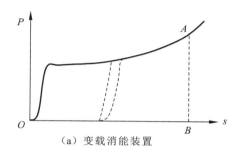 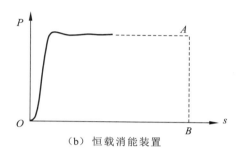

（a）变载消能装置　　　　　　　　　　　（b）恒载消能装置

图 H.1　两类典型的消能装置荷载-位移（$P-s$）特性曲线示意图

c) 对于试验前未部分切除变形吸能主体的试样,测取加载过程中最大位移释放量,以该值和消能装置公称最大有效位移释放量的较小值作为单件试样的最大有效位移释放量测定结果;对于试验前部分切除了变形吸能主体的恒载消能装置试样,以切除前自由段可释放长度和公称最大有效位移释放量的较小值作为单件试样的最大有效位移释放量测定结果。两件试样测定结果的算术平均值即为相应消能装置的最大有效位移释放量试验结果。

d) 消能装置的能量吸收能力等于消能装置变形达到最大有效位移释放量过程中拉力所做的功,可按以下方法确定:

1) 对于试验位移释放量达到或超过其最大有效位移释放量测定结果的试样,自该测定结果对应的 $P-s$ 曲线上点 A 作 s 轴的垂线交于点 B[图 H.1(a)]。分段拉伸试验时按类似方法对各分段 $P-s$ 曲线进行处理。

2) 对于试验位移释放量未达到其最大有效位移释放量测定结果的试样,当 $P-s$ 曲线结束点的荷载值近于工作荷载中间值时,自该点作 s 轴的平行线至其最大有效位释放量测定结果对应点 A,自点 A 作 s 轴的垂线交于 B 点[图 H.1(b)]。当 $P-s$ 曲线结束点的荷载值偏离工作荷载中间值较大时,应先自结束点作 P 轴的平行线至工作荷载中间值点,再自该点作 s 轴的平行线至点 A。

3) 上述方法得到的全程 $P-s$ 曲线、直线 AB 与 s 轴所形成的包络区域 OAB 的面积即为单件消能装置试样的能量吸收能力测定结果。对于分段拉伸试验的消能装置,其能量吸收能力等于各分段 $P-s$ 曲线得到的类似包络区域面积之和。两件试样测定结果的算术平均值即为相应消能装置的能量吸收能力试验结果。

e) 符合性检验时宜遵循以下原则进行判定:消能装置能量吸收能力试验结果不应小于相应公称值的 95%,单件消能装置试样的能量吸收能力测定结果不应小于相应公称值的 90%,否则应双倍取样进行复验;若复验结果仍不能满足该要求,则判定相应的消能装置不合格。

H.2 消能装置动力性能检测试验

H.2.1 一般要求

a) 此试验目的是获取消能装置在动力作用下的动力启动荷载、最大变形长度、最大峰值载荷及能量吸收能力。

b) 此试验方法可适用消能装置批次检验、型式试验、产品定型和出厂检验。

H.2.2 设备要求

a) 消能装置动力性能检测试验设备应能满足实现足够冲击加载速度的要求。

b) 拉力传感器的采集频率不应低于1 000 Hz，应能够直接读取试验过程中消能装置的拉力时程曲线（F-t曲线）。

H.2.3 试样制作

a) 试样数量为3件，每个试样两端伸出的连接钢丝绳长度应保持一致，每次试验前后应测量试样及连接钢丝绳的总长度（精确至10 mm）。

b) 试样两端应采用铝合金压制接头，并应符合《钢丝绳铝合金压制接头》（GB/T 6946）中的相关规定。

H.2.4 试验方法

a) 试验时，试样与悬挂固定端之间应布设拉力传感器，试样另一端则与冲击试块相连。

b) 选取合适的冲击试块提升至一定高度，释放冲击试块使其自由下落，从而启动与之相连的消能装置试样，并记录试验过程中试样内的拉力值。利用大型反力墙进行该试验时，如图H.2所示。

c) 记录试验中的相关数据。

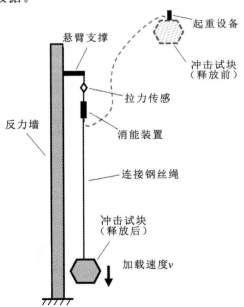

图 H.2 冲击试验过程示意图

H.2.5 数据处理

a) 试验时能直接得到消能装置的拉力-时程曲线（$F-t$ 曲线），如图 H.3(a)所示。
b) 通过消能装置在试验前后的最大变形量 Δ_d 和拉力传感器测得的作用时间，得到近似的变形时程曲线（$\Delta-t$ 曲线），如图 H.3 所示。
c) 得到消能装置在动力冲击作用下力-变形曲线（$F-\Delta$ 曲线），通过计算曲线的包络面积 A_E 求得消能装置的能量吸收值。此外，$F-\Delta$ 曲线中的第一个峰值为消能装置的动力启动荷载 F_{st}，$F-\Delta$ 曲线中最大拉力为消能装置的动力峰值荷载 F_{max}。
d) 以 3 个试样的平均值作为试验结果，当某个指标的最大值或最小值中如有一个与中间值的差值超过中间值的 20% 时，则把最大值及最小值一并舍去，取中间值作为该指标试验结果；如有两个测值与中间值的差值均超过中间值的 20% 时，则该组试样的试验结果无效。
e) 记录试验中消能装置的动态启动荷载、最大变形长度、变形时间、最大工作荷载、能量吸收能力、平均工作荷载等相关试验数据。
f) 试验完成后，应归档保存试样加载前后与试验过程照片和视频、荷载－位移曲线等资料。

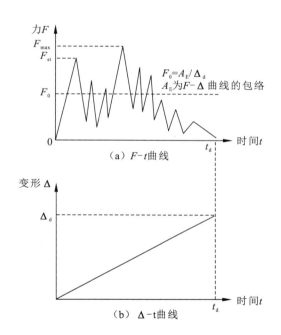

图 H.3 消能装置的试验数据

H.3 紧固件抗错动力和抗脱落拉力试验

参照《铁路边坡柔性被动防护产品危岩落石冲击试验方法与评价》(TB/T 3449)执行。

附 录 I
（资料性附录）
常用主动防护网的结构构成与适用条件

表 I 常用主动防护网的结构构成与适用条件

类型	型号	网型	其他标准配置	工程设计参数	适用条件
梅花形锚固网	GTS	T/65	Φ25 钢筋锚杆及两端应带有爪且长度不应小于 320 mm、厚度不应小于 10 mm 的菱形锚垫，φ8 缝合绳或连接锁扣，φ12 边界绳和 φ16 钢丝绳锚杆	锚杆轴向拉力设计值 50 kN～80 kN，长度 2 m～3 m，间距 3 m～4 m（图 1 中的 a 和 b）	单块危岩体积不应大于 0.5 m³，相邻四根锚杆所限定的防护单元内在设计使用年限内可能发生崩落的危岩总量不应大于 1.5 m³
梅花形锚固网	GSS2	S/250 SO/2.2/50	φ8 缝合绳，φ14 边界支撑绳，其他同 GTS		单块危岩体积不应大于 1 m³，相邻四根锚杆所限定的防护单元内在设计使用年限内可能发生崩落的危岩总量不应大于 2 m³
梅花形锚固网	GSR2	S/250			同 GSS2，不应用于需要阻止小于 0.35 m 的块体脱离柔性防护网形成危岩落石的情形
矩阵式锚固网	GQR2	Q/280/4×4	φ16 钢丝绳锚杆，φ16 横向支撑绳和 φ12 纵向支撑绳，φ8 缝合绳	锚杆轴向拉力设计值 50 kN～80 kN，长度 2 m～3 m，间距 4.5 m（图 1 中的 a 和 b）	同 GSR2
矩阵式锚固网	GQS2	Q/280/4×4 SO/2.2/50			同 GSS2
矩阵式锚固网	GAR2	DO/08/300/4×4			同 GSR2
矩阵式锚固网	GPS2	DO/08/300/4×4 SO/2.2/50			同 GSS2

注 1：有关构件的其他技术要求参见附录 F 给出的常用构件情形，构件表述及其更详细说明亦参见附录 F。
注 2：未给出钢筋牌号的钢筋锚杆指最低强度牌号的钢筋可满足要求。
注 3：锚杆设计参数区间值应根据防护工程安全等级、坡角和地层锚固条件选定，坡角大于 60°或坡角大于 45°且防护工程安全等级为Ⅰ级时，锚杆轴向拉力和长度取上限、锚杆间距取下限，地层锚固条件差（锚固范围内的强风化层或覆土层厚度超过 1 m）或锚固条件较差（锚固范围内的强风化层或覆土层厚度超过 0.5 m）且防护工程安全等级为Ⅰ级时，锚杆长度取上限。
注 4：SO/2.2/50 表示钢丝直径为 2.2 mm、网孔尺寸为 50 mm 的格栅网。

附 录 J
（资料性附录）
主动防护网和引导防护网承载力计算方法

J.0.1 当主动防护网和引导防护网设计计算缺乏完善的计算模型或方法时，可按本附录进行设计计算。

J.0.2 设计计算项目通常应包括柔性网、缝合绳或连接件、支撑绳和锚杆的承载力。除锚杆设计应按6.5规定进行外，其余构件的设计应符合式（1）的要求。

J.0.3 按以下原则设计的构件无需进行承载力计算：

a) 缝合绳最小破断拉力或连接件抗拉承载力不小于柔性网用钢丝、钢丝绳或钢绞线抗拉承载力或最小破断拉力，且缝合排（列）的每个网孔至少有一个缝合连接点。

b) 矩阵式锚固网的纵向支撑绳或梅花形锚固网的侧边界支撑绳最小破断拉力不小于其横向支撑绳或上下边界支撑绳最小破断拉力的50%。

J.0.4 主动防护网的荷载估算与承载能力检算可按以下方法进行：

a) 根据设计使用年限内相邻四根锚杆所限定的防护单元可能发生危岩落石总量所确定的顺坡面剩余下滑力，作为该单元顺网传递的荷载标准值，并根据计算单元的横向宽度计算顺网向上传递的平均分布荷载标准值。

b) 对于矩阵式锚固网，可根据平均分布荷载标准值，考虑不小于2的荷载集中系数，确定网片最大拉力标准值，以此检算网片的抗拉承载力。

c) 对于梅花形锚固网，可根据计算单元内顺网传递的荷载标准值作为锚杆约束处柔性网所受拉力标准值来检算其局部抗拉承载力，无需检算网片的整体抗拉承载力，其中局部抗拉承载力由柔性网的最小环链破断拉力和锚杆及其锚垫板对柔性网的约束条件确定，或由试验确定；该拉力标准值可用作锚杆所受到的轴向拉力标准值，必要时也可作为剪切力标准值。

d) 可采用计算单元上部横向支撑绳的柔索模型，按所受均布荷载标准值确定轴向拉力标准值，以此检算其抗拉承载力；该拉力标准值也可用作与横向支撑绳相连的柔性锚杆所受到的轴向拉力标准值。

J.0.5 引导防护网的荷载估算与承载能力检算可按以下方法进行：

a) 以相邻两根锚杆所限定的条带状防护区域作为计算单元，考虑柔性网自重和在设计使用年限内可能发生的最大危岩落石冲击作用（高寒区还宜考虑冰雪荷载作用），计算确定该单元内顺柔性网传递的荷载标准值，并根据计算单元的横向宽度计算顺柔性网向上传递的平均分布荷载标准值。其中危岩落石冲击荷载的设计值按等于其自重确定。

b) 以危岩落石冲击荷载设计值，按所用柔性网的环链破断拉力直接检算其局部承载力，其中钢丝绳网的最小环链破断拉力可按其所用钢丝绳的最小破断拉力的70%确定。

c) 仅当边坡高度大于100 m且冰雪荷载较大时，可根据平均分布荷载标准值，考虑不小于2的荷载集中系数，确定的网片最大拉力标准值，由此检算网片的整体抗拉承载力，否则无须检算网片的整体抗拉承载力。

d) 可按J.0.4 d的方法检算上缘支撑绳的抗拉承载力，确定锚杆轴向拉力标准值。

附 录 K
（资料性附录）
危岩落石冲击动能和被动防护网最小防护高度估算方法

K.0.1 当缺乏危岩落石模拟条件时，可根据布网位置的危岩落石初始重力势能，按下式估算危岩落石冲击动能设计值：

$$E_d = kE_{gp} \quad\quad\quad\quad\quad\quad (K.1)$$

式中：
E_d——危岩落石冲击动能设计值（kJ）；
k——危岩落石冲击动能折减系数，根据坡面特性和平均坡角按图 K.1 确定；
E_{gp}——相对于布网位置的危岩落石初始重力势能（kJ）。

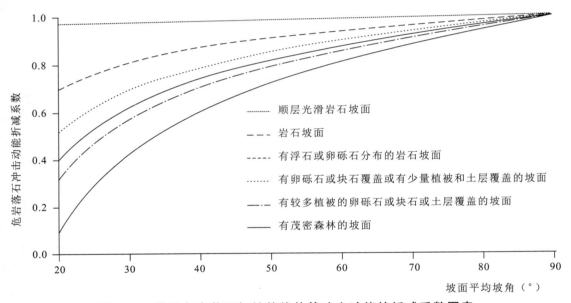

图 K.1 基于危岩落石初始势能估算冲击动能的折减系数图表

K.0.2 当缺乏危岩落石模拟条件时，可根据坡面特征和拟采用的被动防护网防护能级，按表K.0.1估算其最小防护高度标准值。

表 K.1 不同坡面特征和被动防护网防护能级条件下的建议最小防护高度（m）

上坡侧顺坡面15 m范围内的坡面特征	上坡面平均坡角≤45°/上坡面平均坡角＞45°		
	E_B≤1 500 kJ	1 500 kJ＜E_B≤3 000 kJ	E_B＞3 000 kJ
无基岩出露的坡面	3/3	3/3	4/4
顺直岩石坡面或局部有基岩出露的坡面	3/4	4/4	4/5
有明显起伏的岩石坡面	4/4	4/5	5/6
注：本表的被动防护网最小防护高度按与上坡面呈75°左右夹角安装时的顺钢柱方向定义。			

附 录 L
（资料性附录）
未定型的被动防护网系统设计的有限元计算方法

L.0.1 未定型的被动防护网系统设计及其构件与连接节点深化设计，可参照以下要求，采用有限元方法进行计算：
  a) 防护网系统各构件和连接节点宜满足承载力及构造要求。
  b) 设计计算时，考虑不同的危岩落石冲击工况，冲击加载顺序和相应的冲击动能可按照表L.1选取。

表 L.1 危岩落石冲击加载工况及顺序

防护等级	加载顺序	冲击工况	冲击能量
一级	1	中间跨及边跨分别连续两次冲击	$E_d/3$
	2	中间跨及边跨单次冲击	E_d
	3	钢柱单次冲击	$E_d/3$
二级、三级	1	中间跨及边跨连续两次冲击	$E_d/3$
	2	中间跨及边跨单次冲击	E_d

  c) 计算分析应在模型计算所得到的外形与初始应力分布的基础上进行，并完整再现整个冲击过程。
  d) 计算模型应考虑结构的几何非线性和材料非线性，以及网片、钢柱、连接件的空间协同工作。
  e) 计算模型应考虑钢丝绳、钢柱、网片间的摩擦滑移边界影响，并选用合适单元及摩擦参数反映系统实际工作特性。

L.0.2 网片受力单元内力应满足下式要求：

$$\alpha_m T_{n,\max} \leqslant [T_n] \qquad (L.1)$$

式中：
$T_{n,\max}$——拦截结构中受力单元最大计算内力(kN)；
$[T_n]$——拦截结构受力单元的试验破断拉力最小值(kN)；
α_m——构件承载力储备系数，防护等级为一级时取1.4，防护等级为二级时取1.2，防护等级为三级时取1.1。

L.0.3 钢柱承载力和稳定性，应分别满足下列各式的要求：

$$\alpha_m \left(\frac{N}{A} \pm \frac{M_y}{W_{ny}} \right) \leqslant f \qquad (L.2)$$

式中：
N——钢柱轴向压力(N)；
A——立柱的毛截面面积(m^2)；

M_y——同一截面处绕 y 轴的弯矩(一般规定 y 轴为弱轴)(N/m);

W_{ny}——对 y 轴的净截面模量(m^3);

α_m——承载力储备系数,防护等级为一级时取1.6,防护等级为二级时取1.4,防护等级为三级时取1.2;

f——钢材的抗弯强度设计值(MPa)。

$$\frac{N}{\varphi_y A} + \frac{M_y}{W_{1y}\left(1-0.8\dfrac{N}{N'_{Ey}}\right)} \leq f \quad \cdots\cdots\cdots\cdots\cdots\cdots\cdots (L.3)$$

$$N'_{Ey} = \frac{\pi^2 EA}{1.1 \lambda_y^2} \quad \cdots\cdots\cdots\cdots\cdots\cdots\cdots (L.4)$$

式中:

λ_y——构件截面对 y 轴的长细比;

φ_y——弯矩作用平面内的轴心受压构件稳定系数,应符合《钢结构设计规范》(GB 50017)中的规定;

W_{1y}——在弯矩作用平面内较大受压纤维的毛截面模量(m^3);

E——钢材的弹性模量(GPa)。

其他符号意义同前。

L.0.4 上、下支撑绳、上拉锚绳和侧拉锚绳的承载力,应满足下式要求:

$$\alpha_m T_{r,max} \leq [T_r] \quad \cdots\cdots\cdots\cdots\cdots\cdots\cdots (L.5)$$

式中:

$T_{r,max}$——钢丝绳最大拉力(kN);

$[T_r]$——钢丝绳破断拉力值(kN),应符合《钢丝绳通用技术条件》(GB/T 20118)的规定;

α_m——承载力储备系数,防护等级为一级时取1.8,防护等级为二级时取1.5,防护等级为三级时取1.2。

L.0.5 设置于支撑绳和上拉锚绳上的消能装置可采用串联、并联和串并结合的配置方式,其数量可按下式确定:

$$n = \frac{\eta \beta_b E_B}{F_0 \Delta_d} \quad \cdots\cdots\cdots\cdots\cdots\cdots\cdots (L.6)$$

式中:

E_B——实际采用的被动防护网的防护能级标称值(kJ);

η——耗能比例系数,支撑绳上消能装置 $\eta_{s,d}$、拉锚绳上消能装置 $\eta_{a,d}$ 分别按表L.2取值;

β_b——考虑消能装置未完全工作的调整系数,支撑绳上的消能装置 $\beta_{b,s}$ 取1.3,拉锚绳上的消能装置 $\beta_{b,a}$ 取1.1;

F_0——消能装置工作荷载(kN);

Δ_d——单个消能装置最大变形量(mm)。

表 L.2 各构件的耗能比例系数

构件	支撑绳上消能装置 $\eta_{s,d}$	拉锚绳上消能装置 $\eta_{a,d}$	其他 η_r
耗能比例系数	≥0.6	≥0.2	≤0.2

L.0.6 消能装置应有合适的启动力以保证在结构受到冲击时能够启动工作,同时应具备足够的行

程以满足最小耗能需求。

消能装置的静态启动荷载与动态启动荷载应满足以下要求：

$$\alpha_m F_{st} \leqslant 0.4[T_r] \quad\quad\quad\quad\quad\quad\quad\quad\quad\quad\quad (L.7)$$

$$\alpha_m F_{dt} \leqslant 0.7[T_r] \quad\quad\quad\quad\quad\quad\quad\quad\quad\quad\quad (L.8)$$

式中：

F_{st}——消能装置静态启动力（N）；

F_{dt}——消能装置动态启动力（N）。

其他符号意义同前。

L.0.7 消能装置应按以下原则进行布置：

a) 网片运动过程中不应阻碍消能装置的变形。

b) 立柱支撑点不应阻碍消能装置的变形，支撑绳上的消能装置距离立柱支撑点应有足够距离。

c) 若采用串联方式导致变形量过大时，可采用并联方式，并联后启动力为各并联消能装置启动力之和。

L.0.8 柱脚在垂直于冲击方向应具有不低于15°的上下自由转动能力，在冲击方向应能完全自由转动，如图L.1所示。

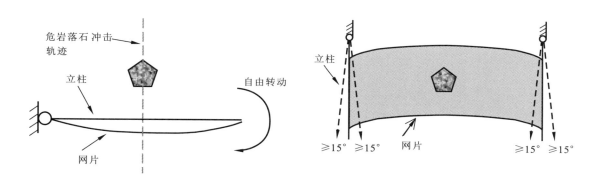

图L.1 柱脚转动能力

L.0.9 柱脚连接与基座应进行承载力验算。

L.0.10 对于非定型柱脚与基座产品，当采用销轴连接时，各销孔间的同轴度误差不应大于1.5mm，并应对销轴进行抗剪验算。柱脚耳板和基座耳板均应进行抗剪承载力验算，同时对基座耳板还应进行局部承压验算。

附 录 M
（资料性附录）
金属柔性网抗顶破力试验

M.1 一般要求

M.1.1 通过试验获取规定试验条件下的柔性网破坏时的最大载荷及所对应的变形。

M.1.2 此试验方法适用金属柔性网批次检验、型式检验、产品定型和出厂检验。

M.2 设备要求

M.2.1 荷载发生设备宜采用万能拉力试验机等设备，能施加的最大荷载值至少应为金属柔性网抗顶破力的1.5倍，行程至少应为金属柔性网变形量的1.5倍。需提供匀速的位移和荷载。

M.2.2 荷载加载装置应为半椭圆形状，采用钢板或混凝土等耐久性材料制成。表面需平滑，无突起或尖角，固定在其表面上的任何附属设备在试验中不能对试样造成影响。

M.2.3 荷载加载装置的几何尺寸应满足图M.1所示尺寸的要求。

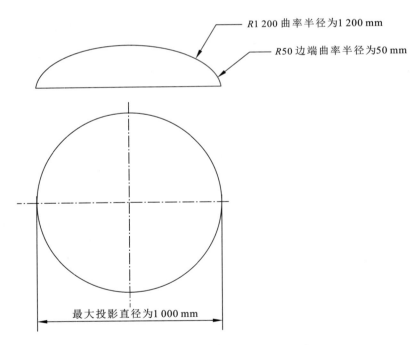

图 M.1 荷载加载装置几何尺寸

M.2.4 试样的固定框架宜采用矩形或方形框架，尺寸大小应能满足安装金属柔性网试样及相应连接件要求，四边应留有合理的结构以方便试样固定。金属柔性网试样和固定框架之间连接件的安装空间不应大于试样平均边长的10%。

M.2.5 试验设备应能直接读取荷载-位移（P-D）曲线。

M.3 试样制作

M.3.1 试样尺寸应为边长3.0 m的矩形试样,允许公差为±20%。

M.3.2 如产品中有满足试样尺寸要求的,试样宜直接从产品中随机选取;如不满足试样尺寸要求,应采用与待测产品相同材料和相同工艺按M.3.1中的尺寸要求执行试样制作,保证网孔尺寸均匀。

M.3.3 制作双绞六边形网、格栅网的试样时,有锁边的两个对边应满足M.3.1中尺寸的要求,没有锁边的两个对边应根据试验设备尺寸截取满足要求的尺寸。

M.3.4 每次试验的试样应为3件。

M.4 试验方法

M.4.1 按照图M.2所示,将试样置于固定框架中央的荷载加载装置之上,应确保试样几何中心与荷载加载装置几何中心对齐。

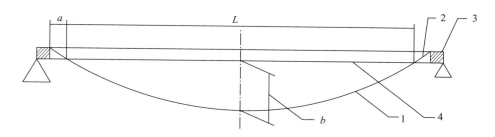

图M.2 试样安装示意图

1.测试网面;2.张紧装置;3.固定框架;4.参考平面;
a.固定区域,$a \leq 0.1 \times L$;b.最大挠度,$b \leq 0.2 \times L$;L.试样长度,$L = 3\,000 \pm 600$(mm)

M.4.2 采用插销等构件将荷载加载装置和荷载发生设备相连接,调整高度,确保金属柔性网试样所在平面与由固定框架四边所组成的平面平行一致。

M.4.3 采用扣件、连杆、钢丝绳或者与测试试样结构特性一致的材料将试样四边的网格与固定框架四边固定。

M.4.4 试验开始前,应通过连接件将试样张紧,将试样中心的最大挠度值b控制在不大于试样最小边长的20%,尽可能使试样接近参考平面。

M.4.5 以下数据必须在试验时连续测量:

a) 加载装置所施加的荷载。
b) 相对于参考平面所产生的相对变形。
c) PBR——试样破坏时所施加的最大荷载,如果没加载到试样破坏,需作出说明;dBR——试样破坏时所对应的变形。
d) 金属柔性网安装后自然悬垂最大挠度(mm)。
e) 金属柔性网预紧力(标称抗顶破力10%,kN)。
f) 金属柔性网预紧变形(mm)。

M.4.6 最大挠度值测量可采用钢直尺(或钢卷尺)直接测量,先测量参考平面到地面的高度,再测量张紧后网面最低点到地面的高度尺寸,两者的差值即为金属柔性网中心最大挠度值。

M.4.7 由于加载装置可分阶段加载,试验可以中断后重新加载。

M.4.8 试验过程中应分阶段记录试验中的数据。

M.5 数据处理

M.5.1 测取开始加载直至试样破坏时的设备最大拉力作为单件受试试样的抗顶破力测定结果。

M.5.2 当一组试样中最大抗顶破力或最小抗顶破力与中间值之差超过中间值的10%时,取中间值作为该组试件的抗顶破力代表值。

M.5.3 当一组试样中最大抗顶破力或最小抗顶破力与中间值之差均超过中间值的15%时,这组试件的抗顶破力不作为评定依据。

M.5.4 试验过程中的数据应做相应的记录,包括破坏荷载和破坏变形等。

M.5.5 应拍摄试样加载前后的照片资料并保存。

M.5.6 试验后,每个试样都必须提供相应的 P-D 曲线,参见图 M.3。

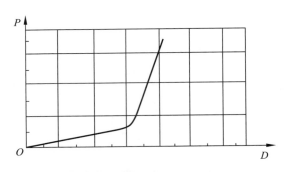

图 M.3 荷载-位移曲线示例

P. 荷载(kN);D. 垂直试样测量的相对于参考平面的中心变形(mm)

M.5.7 将试验前、试验中、试验后的照片及整个试验过程的视频归档保存。

附 录 N
（资料性附录）
竣工报告编制提纲

1 工程概述

   1.1 工程名称

   1.2 工程地址

   1.3 建设单位

   1.4 建设依据

   1.5 建设内容及规模

   1.6 工程概况

2 工程设计

   2.1 设计单位

   2.2 设计内容、设计规模、设计进度

   2.3 设计条件

   2.4 设计原则

   2.5 工程用地及平面布置

   2.6 劳动定员

   2.7 重大设计修改

   2.8 设计质量评价

3 工程建设

   3.1 工程建设情况

   3.2 工程建设组织及统筹计划安排

   3.3 施工单位的选择和分工

   3.4 监理单位

   3.5 完成的主要工程量

   3.6 工程进度控制

   3.7 工程质量控制

   3.8 工程安全控制

   3.9 工程投资控制

   3.10 工程建设的评价及体会

4 物料供应

   4.1 物料供应的组织和管理

   4.2 物料供应情况

4.3 节余物料的处理

4.4 物料供应的评价

5 生产准备及生产运行考核

5.1 试生产组织机构

5.2 人员准备及培训

5.3 技术准备

5.4 资金准备

5.5 外部条件准备

5.6 试生产运行情况

5.7 考核情况

5.8 试生产运行评价及效益

6 竣工决算及审计

6.1 竣工决算编制的依据和原则

6.2 概算与计划执行情况

6.3 资金来源和使用情况

6.4 交付资产和经济效益分析

6.5 竣工决算审计意见和整改情况

6.6 财务经济纪律执行情况及财务管理经验

7 环境保护

7.1 环境保护概况

7.2 绿化情况

7.3 环境影响评价

8 劳动安全

8.1 劳动安全的组织机构及规章制度

8.2 安全设施设计报批情况、安全设施建议情况

8.3 安全教育情况

8.4 安全设施评价及验收情况

9 工程档案

9.1 档案的组织和管理

9.2 档案的形成、收集、积累、整理及归档情况

9.3 工程档案的评价及验收意见

10 工程综合评价